元宇宙

开启数字经济新时代

姚海涛　闵卫东　章卫 ◎ 主编

中国纺织出版社有限公司

内 容 提 要

元宇宙的出现是数字技术发展的结果，也是时代发展的必然。什么是元宇宙？名企有哪些布局？元宇宙能带来什么？本书从元宇宙的概念、互联网巨头的元宇宙布局、支持元宇宙的技术板块、元宇宙价值链的构成、元宇宙的创新架构、元宇宙的细分领域应用等方面，将元宇宙的过去、现在和未来展现在读者面前。本书能帮助企业家布局元宇宙，也能帮助每一个想抓住未来风口的读者走进元宇宙。

图书在版编目（CIP）数据

元宇宙：开启数字经济新时代 / 姚海涛，闵卫东，章卫主编. -- 北京：中国纺织出版社有限公司，2024.5

ISBN 978-7-5229-1044-4

Ⅰ. ①元… Ⅱ. ①姚… ②闵… ③章… Ⅲ. ①信息经济—研究 Ⅳ. ①F49

中国国家版本馆CIP数据核字（2023）第187462号

责任编辑：曹炳镝　段子君　于　泽　　责任校对：高　涵
责任印制：储志伟

中国纺织出版社有限公司出版发行
地址：北京市朝阳区百子湾东里A407号楼　邮政编码：100124
销售电话：010—67004422　传真：010—87155801
http://www.c-textilep.com
中国纺织出版社天猫旗舰店
官方微博http://weibo.com/2119887771
三河市延风印装有限公司印刷　各地新华书店经销
2024年5月第1版第1次印刷
开本：710×1000　1/16　印张：12.25
字数：118千字　定价：58.00元

凡购本书，如有缺页、倒页、脱页，由本社图书营销中心调换

编委会

主 编：姚海涛　闵卫东　章　卫

编 委：吴　轩　缪雯洁　李子一　祝婉琳

前言

元宇宙，对于年轻一代来说是一个难得的好机会！

继互联网出现和发展之后，元宇宙引发了新一轮人类生存感知的重大变化，引起了全球的广泛关注，受到产业圈、创投圈和文化圈的追捧。该概念及其代表的新秩序与新生活方式的畅想，引起了很大的社会反响。

其实，"元宇宙"的概念并不是突然就火起来的，1992年科幻小说《雪崩》中就出现了这个词。最近"元宇宙"火爆的内因在于技术开始成熟，虚拟现实（VR）眼镜等硬件和软件条件已经具备。外因则是5G网络的普及、基于区块链的数字货币的出现。

在《雪崩》这部作品中，提到了"metaverse（元宇宙）"和"avatar（化身）"两个概念，书中构建了一个虚拟世界，在这里，人们可以拥有自己的虚拟替身，该虚拟世界就是"元宇宙"。元宇宙本身并不是一种技术，而是一个理念和概念，整合了多种新技术，如5G、6G、人工智能（AI）、大数据等技术，强调虚拟与现实的融合。

2018年，科幻电影《头号玩家》播出，很多人认为电影中的情境最符合《雪崩》中描述的"元宇宙"形态。在电影剧情中，男主角只要戴上VR头盔，立刻就能进入自己设计的逼真的虚拟游戏世界——"绿洲"。这里，有一个完整运行的虚拟社会形态，涉及各行各业的数字内容、数字产品等,还可以在其中进行价值交换。

2021年,被称作"元宇宙第一股"的Roblox在纽交所成功上市,意味着这个虚拟世界走向现实。

那么,究竟什么是元宇宙呢?其实,元宇宙就是利用科技手段进行链接与创造,与现实世界映射与交互的虚拟世界,具备新型社会体系的数字生活空间。从本质上来说,元宇宙是对现实世界的虚拟化和数字化,需要对内容生产、经济系统、用户体验和实体世界等进行大量改造。

元宇宙是整合多种新技术而产生的新型互联网应用和社会形态,通过区块链技术搭建经济体系,可以将虚拟世界与现实世界进行融合,并允许用户进行内容的生产和编辑。它并不是单个商品,也不是生活世界背后的某种逻辑,而是人类在自己的生存环境中嵌入的独特维度。

随着技术的不断发展,各大互联网巨头公司、知名游戏公司、社交媒体头部公司等积极布局元宇宙,虚拟世界与现实世界交互融合,元宇宙行业发展前景异常广阔。

从国外来说:

2021年6月,脸书CEO扎克伯格向公司内部员工首度公布了打造元宇宙的新计划,展示了他对元宇宙的野心和布局。

微软首席执行官萨蒂亚·纳德拉在公司的财报电话会议上提到了"企业元宇宙"这个概念,结合增强现实(AR)技术,还开发了AR、VR智能硬件设备,投资了社交VR应用程序——Altspace VR。

2019年英伟达正式推出了实时图形和仿真模拟平台Omniverse,能够运行具备真实物理属性的虚拟世界，并与其他数字平台相连接。如今，公司正在为建立一个工业级的元宇宙而努力。

从国内来说：

腾讯是 Roblox 和 Epic Games 的投资方，推出了"罗布乐思"。另外，腾讯申请注册了旗下多款产品的元宇宙商标，比如："王者元宇宙""QQ 音乐元宇宙""逆战元宇宙"等。

字节跳动斥资 90 亿元收购 VR 设备研发商 Pico，成立 VR 事业部，产品包括移动 VR 头盔、Goblin VR 一体机应用等。

华为在 AR、VR 领域的技术突破加速了沉浸式体验的实现，华为还为 VR 内容开发者提供了平台 HUAWEI VR。

目前，元宇宙仍处于行业发展的初级阶段，无论是底层技术，还是应用场景，距离成熟形态还有很远，但这也意味着元宇宙相关产业可拓展的空间巨大。因此，企业想要守住市场，获得弯道超车的机会，就必须提前布局，甚至加码元宇宙赛道。

为了便于读者理解元宇宙，笔者专门编写了这本书。本书从元宇宙的概念引入，介绍了互联网巨头的元宇宙布局、支持元宇宙的技术板块、元宇宙价值链的构成、元宇宙的经济模型与商业模式、元宇宙的生态构建、元宇宙跟普通人的联系、元宇宙的投资机会、元宇宙具备的特征以及元宇宙的落地等，用精练的语言娓娓道来。

元宇宙不是一个未来的目标，而是一个古已有之的过程，是虚拟与现实相结合的过程，也是技术与人性相结合的过程。元宇宙涉及生活的方方面面，企业只有不断更新思想，主动向元宇宙靠拢，才能得到成长的机会。看到并抓住元宇宙中的机遇，将成功经验引入现实世界，人们便能创建一个全新的社会秩序，形成更加开放的体系，构建包容现实世界和虚拟世界的人类命运共同体。

元宇宙时代，身处其中的你，准备好了吗？

姚海涛
2023 年 3 月

目录

第一章 概念综述:"元宇宙"概述

究竟何为元宇宙 / 2

元宇宙的正式提出者:尼尔·斯蒂芬森 / 7

正解——元宇宙就是描述数据的数据 / 10

向实扎根,向虚而生的元宇宙 / 14

元宇宙发展的未来展望 / 16

第二章 关键特征:元宇宙具备的重要特点

虚拟性:每个元宇宙中的人都需要一个虚拟身份 / 24

沉浸感:忽略一切,沉浸在元宇宙的体验中 / 25

低延迟:元宇宙中的一切都是同步发生的 / 27

交互性:为元宇宙提供沉浸式虚拟现实体验阶梯 / 29

去中心化:元宇宙打造了一个去中心化的互联网生态 / 32

自由和自洽:元宇宙是自由的、自洽的、自治的 / 34

第三章　巨头涌入：头部互联网厂商布局元宇宙

谷歌：布局云游戏和服务 / 40

Epic Games：推进虚幻引擎等领域的发展 / 43

腾讯：投入内容和社交，布局"全真互联网" / 45

字节跳动：收购 Pico，拓展 VR 版图 / 50

米哈游：与上海瑞金医院合作脑机接口技术和临床应用 / 54

第四章　技术集群：支持元宇宙的技术板块

算力网络：数字经济的新型信息基础设施 / 58

AI：元宇宙中的重要角色 / 61

区块链：助力元宇宙实现升维 / 66

XR：让虚拟现实升级为加强版 / 73

5G：元宇宙为 5G 指明演进方向 / 76

3D 引擎：为开发者释放大规模实时 3D 内容需求 / 80

第五章　硬核驱动：元宇宙价值链的构成

体验层：让之前不曾普及的体验形式变得触手可及 / 84

发现层：聚焦于把人们吸引到元宇宙的方式 / 90

创作者经济层：相关创作者数量指数级增长 / 94

空间计算层：消除真实世界和虚拟世界之间的障碍 / 99

去中心化层：单个实体创造者自己掌控数据和创作的所有权 / 105

基础设施层：五层技术为元宇宙的强有力保证 / 110

第六章　创新构架：形成数字新模式

数字经济和元宇宙的关系 / 116

元宇宙——数字经济新赛道 / 118

元宇宙创造数字经济新模式 / 121

元宇宙下的数字资产新模式 / 125

元宇宙下的数字营销新模式 / 128

第七章　落地应用：元宇宙在细分领域大有可为

游戏：元宇宙带来更具沉浸感的游戏体验 / 134

社交：元宇宙社交具有的优势 / 139

旅行：通过VR可以参观世界任何地方 / 142

商业：线上与线下消费模式新趋势 / 148

医疗保健：元宇宙带来在线深入交流与指导 / 157

教育：全新的交互方式将使学习体验变得更加有趣 / 164

电影：在元宇宙构建的虚拟世界里，每一个观众都能成为主角 / 167

艺术：元宇宙让艺术作品的制作和欣赏方式更加新颖 / 171

汽车：积极拥抱元宇宙概念，加快数字化转型进程 / 173

办公：以数字人化身的视角在元宇宙办公空间中自由活动 / 176

参考文献 / 179

后　记 / 180

第一章
概念综述："元宇宙"概述

究竟何为元宇宙

人类对元宇宙的认识，源于人类对宇宙的认识。古代，人们就开始了对宇宙的探索，得到了跟宇宙有关的朴素知识。据词源考证，"宇宙"一词可以追溯至《庄子·齐物论》中的"旁日月，挟宇宙"。战国时期著名的政治家尸佼说："四方上下曰宇，往古来今曰宙"。这里，"宇"指空间，"宙"指时间，"宇宙"体现了时间和空间的统一。

而文学作品中体现对元宇宙认识的萌芽，最早在1985年，中国当代著名思想家刘再复的散文诗体现了"双元宇宙的象征"。所谓"双元宇宙"就是两个无限的宇宙，融心灵与存在为一体。心灵是就深度而言的，存在则是就广度而言。七年之后的1992年，美国作家尼尔·斯蒂芬森（Neal Stephenson）在科幻小说《雪崩》（*Snow Crash*）中提出了元宇宙。该小说以21世纪为背景，将元宇宙设定为一个救援的地方。主角Hiro Protagonist戴着防护眼镜和耳机进入元宇宙，在数字世界中以自己定制的化身形式出现。

从宇宙学看，跟宇宙的相关概念有母宇宙、婴宇宙、多宇宙、大宇宙、元宇宙、本宇宙、超宇宙等。其中，母宇宙是原始宇宙，可以产生无数个婴宇宙。本宇宙是人类生存的可见宇宙。大宇宙则是本宇宙和其他宇宙构成的更大宇宙。宇宙大爆炸理论认为，宇宙始于奇点，奇点本身就是一种宇宙形态。

最近几年，元宇宙的概念和内涵引起学界和业界热议，但还没有形成统一的认识。"metaverse"由前缀"meta"（意为元、超越）和词根"verse"（源于 universe），直译为"元宇宙"。不过，目前人们对元宇宙内涵的理解已经超越了文学作品和宇宙理论中的认知，要想深刻认识元宇宙及其内涵，需要结合宇宙学、哲学、技术、新闻传播、服务、社会、经济和教育等多个领域进行剖析。

当前，从不同视角来看，对元宇宙的认识主要有以下观点：

1. 从宇宙学视角看，元宇宙是宇宙的初级和低级形态

学者韩民青先生认为，元宇宙是比本宇宙层更深入、更广大、更原始的背景宇宙层次或初级宇宙层次，与本宇宙的性质不同，属于另类宇宙。本宇宙是元宇宙演化生成的更高一级的宇宙。

可见，元宇宙并不是一个与本宇宙并行的概念，人们热议的元宇宙并非宇宙的一种形态，而是借用了宇宙的隐喻。从学理上看，数字宇宙、虚拟宇宙、孪生宇宙等更适合表达当前人们热议的元宇宙。

2. 从哲学视角看，元宇宙增强了人与动物的本质区别

元宇宙不是客观存在的，而是典型的人造宇宙、人造时空和人造世界。未来，能否创造和使用元宇宙，将是人类和动物的重要区别。

借助元宇宙，人类能够增强思维意识，充分发挥主观能动性，开展

现实世界中无法实现的思想实验,为探索未知世界提供了新路径。

元宇宙是人类思想的创新实验室,开辟出人类创新创造的新时代。未来,人类将进入现实与虚拟相融合的双重宇宙空间,人类需要在双重宇宙空间中转换角色,更需要重构双重社会规范、伦理与道德。

3. 从技术视角看,元宇宙是信息技术的综合集成

江西财经大学马克思主义学院教授、博士生导师黄欣荣认为,元宇宙是指人在自然宇宙外,通过数字技术建构的一个与自然宇宙相映射,但又能给人提供自由创造空间的数字虚拟宇宙,并通过对数字宇宙的探索更加充分地认知和利用自然宇宙。

西北政法大学商学院张夏恒教授认为,元宇宙是指依托互联网、信息技术、虚拟仿真技术、数字技术等构成的一种沉浸式体验的互联网要素融合形态。

4. 从新闻传播角度看,元宇宙能重新定义新闻

新闻是新近发生的事实的报道,元宇宙能重构用户对事实的临场感知。元宇宙可以推动新闻传播的虚拟互动,以沉浸式叙事的方式创新新闻报道形式。

元宇宙是一个虚拟与现实高度互通、由闭环经济体构造的开源平台,将催生新的"新媒体"平台,促使新闻传播进入一个全新的"场景时代",打造出"无场景不新闻"的一个平行世界。

5. 从服务业视角看,元宇宙将打造数字服务新生态

借助元宇宙,传统服务能更好地实现数字化转型升级,形成数字服务产业新业态，提升数字化发展质量。

元宇宙可以实现数字世界的规模化个性服务，系统地满足用户的个性化需求，催生出智能、系统、精准和个性化、规模化的社交服务。

6. 从社会视角看，元宇宙是人类社会的数字化再现

元宇宙可以突破时间和空间的限制，产生虚拟的人类社会新形态。

元宇宙为人类社会的数字化转型提供了新路径。"虚拟人"是开拓元宇宙的先驱，在虚拟世界构建"后人类社会"，元宇宙必然会深刻影响和改变人类的劳动生活、消费生活和精神生活，形成虚拟劳动、虚拟消费和虚拟文化等社会生活新方式。

在元宇宙社会，数字化社交和数字化生存将成为常态。元宇宙中的虚拟社交对象，既可能是人类的虚拟映射，也可能是智能机器人。

7. 从经济视角看，元宇宙是数字经济发展的催化剂

互联网对实体经济产生的影响超乎寻常，元宇宙必然会对实体经济造成新一轮的冲击。数字生产、数字资产、虚拟货币、数字货币、数字交易等是元宇宙数字经济的构成要素。

数字身份为数字资产的创造和消费提供了新经济模式，数字资产与现实资产的双向流通创造了新经济体系。元宇宙中的数字资产以非同质化代币（non-fungible tokens, NFT）和非同质化权利（non-fungible rights, NFR）的形态存在，并引发虚拟商业模式变革和数字经济生产、流通和消费模式的重构。

8. 从教育角度看，元宇宙是在线教育发展的新形态

在教育领域涌现了教育元宇宙和学习元宇宙的理念。其实，所谓的教育元宇宙，就是利用 VR、AR、混合现实（MR）、数字孪生、5G人工智能、区块链等技术塑造的虚实融合教育环境，虚拟与现实交织、人类与机器联结、学校与社会互动，是一种智慧教育环境的高阶形态。

通过以上对分析，可以得出以下基本观点：第一，当前人们热议的元宇宙并不是宇宙学视角的元宇宙，也不是宇宙学的一种形态，而是借用宇宙的隐喻表达虚拟的数字世界。第二，元宇宙既是数字化理念，也是数字技术的集成，还是数字空间和数字世界。第三，元宇宙是典型的人造物，既离不开 VR、AR、MR、触觉互联网、人工智能、区块链、仿真技术等技术支撑，更需要相关理论、方法、解决方案、标准等的创新与突破。第四，移动互联网、卫星互联网和触觉互联网是人类穿越现实世界和元宇宙的通道。第五，元宇宙会对人类社会发展产生重大影响，可以极大地激发人类社会变革潜能。

元宇宙的正式提出者：尼尔·斯蒂芬森

通过前面的分析可以发现，元宇宙的设想、理念、概念、技术等并不是今天才突然出现的，而是随着人类的想象、研发、实践等逐渐产生和发展起来的。

有研究者认为，元宇宙可以回溯到美国数学家、控制论创始人诺伯特·维纳1948年出版的著作《控制论：或关于在动物和机器中控制和通信的科学》。而另一些研究者则认为，1974年美国出版的文学作品、后被改编为游戏的《龙与地下城》是元宇宙的最早发端。

其实，"metaverse"一词最早出现在美国科幻作家尼尔·斯蒂芬森1992年出版的一部描绘一个庞大虚拟现实世界的科幻小说《雪崩》里。

尼尔·斯蒂芬森是美国著名的"赛博朋克流"❶科幻作家，在跟随电脑一起成长起来的年轻一代群体中，享有极高的声誉。

1959年10月31日，斯蒂芬森出生于美国的马里兰州，他父亲是电子工程学教授，祖父是物理学教授，受到家庭环境的影响，斯蒂芬森

---

❶ 赛博朋克的情节通常围绕黑客、人工智能及大型企业之间的矛盾而展开，背景设在将来的一个反乌托邦地球。

不仅对物理学和地理学产生了兴趣，还做过编程员，深入了解了电脑网络，为他以后的成名作打下基础。

1984年，斯蒂芬森25岁，出版了第一本小说《大学》(The Big U)。如同许多刚离开大学的新手作家一样，他的处女作也围绕校园生活展开，取材于他就读的波士顿大学。不过，这本小说在当时没有得到多少回应。

1988年，斯蒂芬森出版了自己的第二本小说《佐迪亚克》(Zoidac)。这是一部环保惊险小说，背景同样设定在波士顿，为作者带来了更多的赞誉。可是，斯蒂芬森真正进入杰出作家的行列，还是20世纪90年代以后的事。

1992年，斯蒂芬森的《雪崩》闪亮登场。书名"雪崩"一词指的是一种病毒，该病毒不仅可以在未来世界的网络上传播，还能在现实生活中扩散，使系统崩溃和大脑失灵，这也是主人公面对的恐怖危机。

《雪崩》的伟大之处在于，直接创造了"元宇宙"这一概念。元宇宙并不是以往想象中扁平的互联网，而是和社会高度联系的三维数字空间，与现实世界平行。在现实世界中，地理位置彼此隔绝的人，可以通过各自的"化身"，在元宇宙中互相交流、娱乐。此外，《雪崩》还融合发展了斯蒂芬森在前两部小说中展现出来的科技惊险和黑色幽默的写法，以古代闪米特❶的传说为大背景，给"赛伯朋克流"小说注入了活力，吸引了人们的注意力，引发了"赛伯朋克流"小说的阅读与创作热潮，而尼尔·斯蒂芬森也被公认为是元宇宙的正式提出者。

---

❶ 闪米特是起源于阿拉伯半岛的游牧民族。

至此，斯蒂芬森找到了属于自己的创作模式，他的作家生涯也进入了黄金期，几乎每四年便会推出一本广受好评的作品，比如，1995年出版的《钻石时代》（The Diamond Age），描绘了纳米技术和电子书高度发达的未来，在小说里，维多利亚文化得以复兴，获得1996年"雨果奖"；《编码宝典》以破译数据密码为中心线索，结合历史小说和科技惊险小说的元素，从第二次世界大战破译纳粹密码的"布莱切利公园"，一直讲到现代在东南亚建立的"信息天堂"；《巴洛克记》是系列小说，包括2003年出版的《怪人》（Quicksilver）、2004年出版的《混淆》（The Confusion）和2004年出版的《世界系统》（The System of the World）。三本都是历史科幻小说，戏剧性地讲述了数学等科技的发展史，并向读者传达了一个道理，即科学不可逆转地改变了整个世界。

在写作上，斯蒂芬森带有后现代风格，语言活泼而富于黑色幽默；同时，故事情节充满了惊险刺激意味。另外，他还在小说中混入了大量历史、人类学、语言学、考古学、宗教、计算机、政治、哲学和地理等内容，打造了亦幻亦真的世界。

1998年3月，《审理杂志》推出"最后审判日：100本你今生必看的书"的评选，评出世界上100本最佳科幻—奇幻小说，《雪崩》赫然在列；同时，《雪崩》入选了亚马逊网上书店选出的"20世纪最好的20本科幻和奇幻小说"和《商业2.0》杂志推出的"每位CEO必读的伟大书籍"。

1999年美国《时代》周刊评选出50位数字英雄，40岁的尼尔·斯蒂芬森入选其中，理由是他的书塑造和影响了整整一代人。

正解——元宇宙就是描述数据的数据

元宇宙的英文叫作 metaverse，是"meta"（元）和"universe"（宇宙）的合成词。何为"元"？英文字面的意思是"超越"，但如何超越宇宙？超越宇宙的宇宙是什么形态？

1. 元数据（metadata）

"元"这个字细品之下有一种独特的东方气息，让人顿觉"元气满满"，但是这个单字的含义不是很好把控，我们把元数据作为一个整体来看。

有人是这样定义"元数据"的："元数据是描述其他数据的数据（data about other data），或者说是用于提供某种资源的有关信息的结构数据（structured data）。"

《牛津英语词典》中对"metadata"的定义是："information in order to help you understand or use it."（帮助你理解或使用的信息）

通过以上定义可以得出以下结论：

元数据是用来描述其他事物的数据，通过元数据我们可以更好地理解或使用其他事物。

元数据是数据库领域的名词，可以看作数据的中介，用来描述数据的属性。比如，公司员工月末领到的工资条上面的一串串数字就是元数据，它可以告诉我们：前面的200元是高温补助，后面的200元是伙食补助。同样的数字，借助元数据的"描述"，便有了不同的含义。这个超越了数据的元数据，就是对数据进行规范的数据。

元数据的作用主要有这样几个：识别资源、评价资源、追踪资源的变化、管理大量网络化数据，以及实现信息资源的有效发现、查找、一体化组织和有效管理。元数据还可以将信息的描述和分类格式化，为机器处理提供条件。

其实，在日常生活中，我们每天都会接触元数据，比如，听音乐的时候，只要搜索歌名就能查找歌曲，就是通过元数据来查找的，而我们需要找寻的歌曲，就是歌曲名的数据。然后，这些元数据会将我们的搜索痕迹记录下来，组合成大数据。

元数据是用来描述数据的数据，让数据更容易理解、查找、管理和使用。在数据治理中，元数据是对数据的描述，存储着数据的描述信息，我们可以通过元数据管理和检索自己想要的资源。

企业采集环境中的各类元数据并统一存储，通过分析元数据，根据业务维度、系统维度等不同维度对数据分类，并梳理出数据和数据之间的关系，能从多种视角全面展示企业的数据资产视图，让员工也能方便地看到自己关心的数据情况。

元数据管理的价值主要体现在以下两个方面：

一方面，元数据管理是数据服务的基础。在数据加工平台、数据治理平台、数据中台等数据服务产品中，元数据管理都是不可缺少的核心元素。元数据管理作为数据服务基础能力，从数据采集、数据治理到数据服务和应用，贯穿了数据的全链路，实现数据对业务的高效支撑。

另一方面，元数据管理是企业数据治理中的核心元素。在大数据时代，数据即资产，元数据实现了信息描述和分类的格式化。元数据管理可以将分散、异构的信息资源进行统一采集、描述、定位、检索、评估、分析，实现数据的结构化，为机器处理创造可能，帮助企业更好地管理数据资产，厘清数据之间的关系，提升企业数据质量。

2. 元数据和元宇宙

真正的元宇宙绝不仅是游戏，而是真实世界的虚拟化以及虚拟世界的真实化，通过数据将两个世界连通，真实交互，形成一种全新的世界形态。

元宇宙是通过客户端实现沉浸式场景体验，而要做到随时随地接入，就要有超级算力的数据中心支持，数据中心就是为元宇宙提供超级算力的基础设施。

5G 技术满足了元宇宙对网络传输低延时的需求，感知技术带来了元宇宙的沉浸式体验，而数据中心为大量数据的分析计算提供了可靠的场所，所以元宇宙时代对数据中心的需求更加旺盛。不仅需要大规模的数据中心，还需要更多的边缘数据中心。

以云计算数据中心为典型代表的元数据中心，集成了建筑、电气、环境控制、计算、存储、网络、通信等支撑性技术，为元宇宙提供底层基础设施。随着数据量的爆发，算力需求急速增加，元宇宙要想稳定运行，就要依赖于元数据中心提供的强大的数据运算和存储能力。

随着各行业数字化转型的不断深入，以及元宇宙生态的不断完善，必然会诞生出更多对数字技术和数据中心高度依赖的场景和行业，数据量定然会迎来新一轮的高增长，这对元数据中心连续稳定运行也提出了更高要求。到时，如果数据中心的服务出现中断，就不再是数据中心自己的事情了，将会成为一个系统的社会风险，需要引起高度重视。

除了提高数据中心业务连续性能力，还要提高元宇宙的数字新生态服务与数字化应用的韧性与强壮性，为用户稳定地提供服务，妥善处理多元宇宙生态伙伴应用异常带来的影响，以免出现多米诺骨牌效应，导致元宇宙的坍塌。

从企业角度来讲，大数据时代，企业数据量成倍增长，但谜团依然有很多，比如：企业数据环境中究竟有哪些数据？数据和业务的关系是什么？数据都在哪里？这都需要在未来的发展中一一思索。

向实扎根,向虚而生的元宇宙

元宇宙是整合了多种新技术产生的下一代互联网应用和社会形态,基于扩展现实和数字孪生技术,实现时空拓展;基于 AI 和互联网技术,实现虚拟人、自然人和机器人的人机融生性;基于区块链、Web 3.0、NFT 等技术,实现经济增值。

1. 元宇宙不同发展时期的硬件载体

(1)初期:虚拟建设。元宇宙发展初期便开始虚拟建设,以 VR 和 AR 技术为主进行尝试。随着云计算、AI 运算、网络等技术和基础建设的高速发展,游戏、影视娱乐、社交等内容不断丰富,硬件载体 VR 设备率先落地,提高了沉浸感,吸引了更多用户加入元宇宙。据 Mob 研究院数据显示,2020 年人均使用手机时长为 5.72 小时/天(非睡眠时间占比约 36%),预计未来将进一步提高。在这个阶段,硬件设备以 VR 设备为主,AR 硬件和初级应用开始出现。

(2)中期:由虚向实。元宇宙发展到中期,主要实现了从虚拟到现实的升级。虚拟世界建设更加丰富,元宇宙的发展不再局限于以娱乐和社交为主的虚拟世界,而是反馈现实世界,提高生产效率。元宇宙开始从虚拟到现实：

①虚拟现实的发展，实现了虚拟与现实的初步融合，拓展了轻办公等应用场景。比如，电子商务、教育、旅游等基础服务业进入元宇宙；虚拟现实设备继续增强沉浸感，市场需求不断增加；AR、VR 设备的用户规模和使用时间，会显著提高用户黏性。

②AR 技术不断发展，真正落地于社交、健康、时尚和互动等方面，可以减轻人们日常佩戴 AR 设备和黏性需求。随着基础设施和技术水平的不断提高，AR 技术可以实现更直接、更自然的虚实融合，消除虚拟与现实之间的边界感。

（3）远期：虚实融合。未来，元宇宙的前景就是虚实融合。用户在虚实融合世界的时间占比很可能超过 80%，提高真实世界生产效率，AR、VR 并行发展；VR 成为专家场景，拓展更多应用，更强调沉浸式应用场景；AR 成为主流场景，覆盖生活各个方面，专注强交互场景。由此判断，未来 AR 设备很可能会成为像手机、手表等一样的强黏性终端；而 VR 设备继续发力强沉浸场景，设备使用频率和黏性将进一步提高。

2. 以虚促实、以虚强实

从技术层面看，要想实现元宇宙构想，就要正确认识网络、算力、人工智能、显示技术和区块链等技术，这些技术的涉及范围广，且还不成熟，对应的虚拟与现实层面的经济体系，依然需要较长时间去验证和调整。

随着元宇宙的发展，现实世界和虚拟世界将会呈现出三大特点：

首先，越来越多的物理世界的物质文化遗产将会被"迁移"到虚拟世界，虚拟世界的还原度和模拟程度将越来越高。

其次，虚拟世界的文化产业将更加发达，人们与虚拟文化产业的智能交互更具沉浸式和智能化特点。

最后，基于虚拟场所、虚拟数字人等的"原生数字文化"将大放异彩，文化产业也将由聚焦从物理世界向虚拟世界的数字化转型，打造基于虚拟世界的"原生数字文化"。

对文化产业来说，以虚促实的关键就是，将文化资源数字化，将有形或无形的文化遗产、文化遗迹、工艺品、博物馆藏品等"迁移"到虚拟世界，展示更多元的文化，让固定且稀缺的文化资源以更低的成本惠及更多的人。

从互联网巨头纷纷加码布局元宇宙，到元宇宙首次被写入地方"十四五"产业规划，"以虚促实、以虚强实"的发展方向逐步明确。未来，元宇宙必然会在"以虚促实、以虚强实"的方向上发展得更加长远。

元宇宙发展的未来展望

元宇宙代表着人们将对于未来经济社会数字化发展、数字世界与物理世界相互碰撞的最终想象。这种展现不仅是技术或者产业、经济等，还融入了作为人类社会运行的各种规则，如文化、人权、信任、伦理、环境等。

尽管元宇宙概念的提出只过了短短几年，但一些发展趋势正在逐步显露，连带反应与影响也不断显现。元宇宙必将对创建技术和基础设施的行业产生直接带动作用，如图形处理器、AR及VR头显设备、虚拟社交平台、区块链，并可能会对游戏、社交、在线零售、教育、医疗等行业造成间接影响，为这些行业提供技术支持与业务空间，创造新的就业机会，进一步"催化"经济，提高生产力。

首先，元宇宙描绘了产业未来发展方向。元宇宙描绘的目标，基本上囊括了人们对于物理世界和虚拟世界的所有设想，抑或为互联网发展设立了一个终极目标。在这个最终目标的引导下，各方都在思考未来发展的路径以及现阶段的"切线"走向。目前，业界对元宇宙应用的期盼逐步聚焦于两方面：一是消费元宇宙将使得用户从"在线时代"走向"在场时代"，带来视觉、听觉、触觉全方位立体空间的体验；二是产业元宇宙将助力企业生产从数字孪生走向数字伴生，最后实现数字原生，推进网络化、数字化、智能化走向更加高阶的阶段。当基本方向确定后，就可以开展技术研发，推进商业转化等具体事务的落实了。

同时，元宇宙还极大地振奋了互联网产业信心。元宇宙概念诞生前，互联网企业正处于发展的瓶颈期，在内容载体、传播方式、交互方式、参与感和互动性上长期缺乏突破。元宇宙浪潮极大地刺激了互联网企业，为其指明发展方向与广阔的蓝海空间。未来，元宇宙必然会有实质性的突破，产业落地也会出现全方位的发展。

基于此，对于元宇宙的未来发展，我们可以作出以下六个基本判断。

1. 作为前沿科技的一种集合特征，元宇宙有广阔的发展空间

元宇宙概念是在2021年走向人们视野的，但作为一个技术形态，元宇宙在之前已经逐渐形成和发展，并由三类根本性的技术加以支持。第一类技术是计算机科学技术。没有计算机的算法、算力支持计算机的软件，没有进入计算机时代，是不可能讨论和面对元宇宙的。第二类技术是互联网技术。互联网技术从20世纪七八十年代兴起，经过三四十年的发展，已臻于成熟，最后发展成移动互联网技术。第三类技术是人工智能。计算机技术、互联网技术和人工智能技术，形成了一个三角关系和互动关系，支撑着元宇宙技术的发展。

元宇宙是一个不断突破和实现乌托邦理想的形态，是一个由硬技术和软技术不断发展起来的新形态，势必会有一系列重大的发展。未来元宇宙在技术上的突破，主要集中在元宇宙和人工智能更加紧密地结合，再加上量子科技的发展，将使元宇宙在实现数字孪生方面展现出前所未有的前景。

2. 元宇宙对经济的影响将是最直接、最剧烈和最深刻的

支撑元宇宙最基本的元素是大数据，而数据已经成为生产要素。元宇宙和不同行业、不同部门、不同产业的结合，形成了各领域的元宇宙化或向元宇宙模式的转型。比如，金融元宇宙、教育元宇宙、工业智能制造元宇宙，都是在这方面的一种方向。最值得关注的是，因为元宇

宙，人们的经济组织、企业形态也都发生了变化。未来，元宇宙将作为一种重要途径，同越来越多的产业发生交集，并改造这些产业。在元宇宙和工业智能制造结合上，元宇宙对完全人工智能化的企业也会产生积极的贡献；在重新构建供应链到价值链的整个生产形态中，元宇宙会起到极为重要的作用。

3. 元宇宙技术能力孵化步入快车道

在长期虚实融合的愿景牵引下，各种元宇宙相关技术也将快速发展。

（1）各类3D化能力及相关硬件如图形处理器的迭代演进，3D建模、图形渲染、虚拟物品制作生成、数字仿真模拟、体积视频等领域有望迎来黄金发展期，特别是物理实体数字化或者数字模型物理化涵盖领域多、应用领域广，未来数字仿真技术将会在强调专业性的同时兼顾能力的易用化发展。

（2）扩展现实（XR）设备作为事实上的"元宇宙入口"，也将迎来快速发展期，消费级XR设备的成长将带动产业链茁壮成长，设备本身需要芯片、显示、光学器件、眼球捕捉等基础产业发展，全方位的交互体验则需要视觉、动作、手势、语音、听觉等的全方位配合，带动空间音频、触觉手套、肢体捕捉等更多软硬件技术的发展，可以预见的是，XR终端突破所造就的价值空间将不逊于智能手机所带来的市场价值，相当于再造一个移动互联网时代。

（3）各类元宇宙需求将带动网络、算力、AI等技术的发展，如算力网络、AIGC（人工智能生成内容）、AI芯片，这些领域的发展将助力元宇宙的规模化突破。

4. 元宇宙应用场景将持续丰富拓展

元宇宙将赋能工业制造、医疗健康、文化娱乐、教育培训等众多行业，催生出数字经济新业态、新模式，国内外中小硬件企业、新创业团队、投资者等纷纷涌入场景营造和内容创业领域。

众多消费元宇宙应用中，数字人和3D空间是当前最符合企业和个人期待的两个领域。数字人应用领域将逐步从影视、动漫、游戏等泛文娱领域向主播、教育、医疗、金融等方向发展，带动"元宇宙+"行业加速赋能。3D空间在交互性、参与感、沉浸感等方面都强于2D平面，特别是在会议培训、商务接待、大型活动等领域，3D空间能够突破空间束缚、最大程度还原一部分线下体验。

元宇宙内容场景始于游戏但不止于游戏。未来大量其他垂直场景也将成为重要的元宇宙空间。目前，元宇宙的基础应用集中于游戏、短视频等领域，内容比较有限，交互方式单一。未来，元宇宙可被应用于各类全景场景，并向教育、营销、培训、医疗、工业加工、建筑设计等场景发展。元宇宙的应用生态——全景社交将成为虚拟现实更高级的应用形态之一。

在产业元宇宙方面，工业元宇宙整合既有数字化转型、工业互联网发展基础，在系统性、可视性等方面都得到了较强提升，其效果已在航空、制造、能源领域得到验证。在经济发展趋势和市场需求的变动下，企业对于数字技术提质增效的需求更加旺盛，各类行业元宇宙应用也将崛起。从商业模式来讲，产业链厂商可通过分成、佣金、版权费用、广告费用等渠道获取收入。从客群的角度来讲，内容端将逐渐从行业级市场向消费级市场渗透。

5. 元宇宙将创造出一种新的生活方式

元宇宙能够创造一个全新的生活环境，人们会进入一种新的生活场景中，按照人们的意愿重新构造一个有技术支持的虚拟生活方式，从衣食住行到各类社交活动，影响生活的方方面面。未来人们的社交基本形态应该是在元宇宙中进行，打破时空界限和地理界限，形成一个跨代、跨界的一个生活模式；元宇宙还可以把想象和生活结合在一起，进行体验、沉浸和参与，体现 VR、AI 等虚拟现实技术的意义。

6. 元宇宙将是精神和文化的新载体

人们习惯把各种创造、认知以及发现自然现象规律的行为，统称为"文明"。而这种文明，在过去的几千年中，大多以实体的方式存在，无法脱离现实事物而独立存在。因此，从某种程度上讲，过去所讲的"文明"，几乎是以实体为主，或者说基于现实事物，从而得出的人为认知。

如今，精神和文化的发展正进入到一个越来越重要的历史时期，人们会度过马斯洛所谓的人的需求和欲望的构造，从满足基础的生理需求一直到实现精神需求，达到精神上的自我实现。实现这样的目标，需要每一个人在精神上得到充分的发展，在这个时候会有更多的文化需求、艺术需求，带来更多的文化创作和艺术创作。这样的环境下，元宇宙无疑是最合适的工具。

随着元宇宙时代的到来，"文明"或将以另一种新的形式出现——虚拟文明。精神需求，比如文化、艺术包括美学等方面，都可以通过元宇宙实现，人们可以在元宇宙中体会到另一种形式的生活，而这种生活在现实世界中是难以实现的，人们却可以在元宇宙中沉浸体会。

元宇宙不仅是一项技术，还是一个虚拟文明的载体，是一个全新的、与现实世界平行的系统。通过 AR、VR 和互联网技术，创建一个虚拟的世界，就能把世界上的每个人链接起来。人们可以在这个虚拟世界中感受到与现实一样的体验和情感。

第二章
关键特征:元宇宙具备的重要特点

虚拟性：每个元宇宙中的人都需要一个虚拟身份

在小说《雪崩》中，人们可以在"元宇宙"中通过虚拟的形式自由生活。

元宇宙中的数字身份，即"虚拟身份"，正是基于这一主体，才有"元宇宙"所构建的虚拟世界，就好比现实中，正是因为有"我"的身体，我们才能觉知到外面世界的一切一样。

每个人在元宇宙中都能有一个或者多个数字身份，并且每个数字身份都和现实中的你一样独一无二。数字身份如同个人的身份证，是在元宇宙里通行的证照。数字身份不应受到任何组织或个人的操控，区块链技术给这种独立性赋予了可能性。

在元宇宙中，你可以同时拥有多个化身，可以为不同的目的创造这些化身；可以收集物品、弹吉他，或者成为一个受欢迎的足球俱乐部的足球运动员；可以为不同的目的创建多个角色。

通过增强现实和数字现实技术，与元宇宙的即时互动将成为可能，即使在现实世界中，人们也将能够与元宇宙的某些部分互动。

元宇宙必须能建立虚拟分身，人们可以在虚空间内建立自己的形象，使其具有代表性。

沉浸感：忽略一切，沉浸在元宇宙的体验中

未来，在元宇宙中，我们能从感官上获得非常拟真的沉浸式体验，达到"你在元宇宙，但你感觉不到你在元宇宙"的程度。

元宇宙朝着直觉式、沉浸式的体验方向发展，目前的 3D 立体投影、虚拟眼镜与智能手套等穿戴装置，都是沉浸式体验的相关技术发展的成果。沉浸式体验可将人们带入一个三维的数字化世界，许多共享沉浸式体验将允许您操控虚拟对象并与其他访客互动。

元宇宙以一种持久和共享的独特沉浸式体验，呈现了一个广阔的虚拟世界，人们可以在这里与远方的人互动。元宇宙中的经济体系同样具备活跃、持久和共享的特性。

元宇宙和共享沉浸式体验带来全新的合作和共同创造方式，并为企业和客户提供了新的互动途径。互动形式有很多，包括：多位远程同事在一间虚拟的设计工作室共同开发新品；客户为自己定制夹克或裤子，然后将其穿在与自己身形一样的虚拟角色身上，检查最终的穿着效果等。

下面我们就来沉浸式体验一下元宇宙的应用场景。

第一天，你戴上了 VR 眼镜，选择一个自己喜欢的样子。你和几个

朋友相约在这里见面，既有你现实中的朋友，也有你在元宇宙中结识的朋友。此时你们突然找到了一幅涂鸦，而这幅涂鸦在虚拟世界中建立过他的虚拟世界的版权，你们购买后就可以使用这幅涂鸦。玩得正酣，突然父母打电话告诉你该回家了，于是你回到了家中。

第二天，你戴上 VR 眼镜后，收到了今天的待办任务提示，你拿出了前两天设计的图纸，然后向老板汇报工作。老板来到你的面前，你拉着他走向你的图纸，老板夸奖你的同时询问其他伙伴工作进展，你迅速"穿越"到了不同伙伴的工作环境中，然后告诉老板，大家都已经准备好了。你借助元宇宙完成了一天的工作。

第三天，你戴上了 VR 眼镜，开始了自己的虚拟健身之旅，你可以跟大怪兽打拳击，可以跟朋友打打篮球，可以在全世界骑行。

人们接触元宇宙的步骤：

首先，购买一副 VR 眼镜体验一下在别人创造的世界和场景中遨游的乐趣，同时想一想，如果在这个虚拟世界中有一个人画了一幅好看的画，你会买下这幅画吗？然后，你可以开始自己的小创作。假如你是一个画家，你可以在元宇宙中把你的画作放在别人的展厅中售卖，你可以在一个虚拟舞台上唱歌。慢慢地，你的创造力足够的时候，如果你是个歌手，可以举办演唱会；如果你是作家或编剧，可以创造一个世界和宇宙，让别人在你的文化体系中遨游。

低延迟：元宇宙中的一切都是同步发生的

大多数人其实不太容易理解网络延迟的重要性。

网络延迟是指，数据从一个点传输到另一个点并返回所花费的时间，与网络带宽和可靠性相比，延迟通常被认为是最不重要的网络性能指标。这是因为大多数互联网流量是单向或者异步的。

在发送消息和接收已读信息时，产生了100ms、200ms甚至2s的延迟，似乎不太重要。

在看视频的时候，人们也会认为流媒体不断播放的能力比能够马上播放的能力更重要。甚至为了能不断播放视频，视频软件会延迟视频的开始时间，这样你的设备就可以在你观看视频之前下载足够的数据。在这种情况下，即使网络中断一两分钟，用户也不会注意到。

即使是同步和持久连接的视频通话，对延迟的容忍度也相对较高。视频是通话中最不重要的元素，音频作为"最轻"的数据，在网络紧张的情况下，通常被视频通话软件优先传输。如果你的网络延迟只是暂时增加，软件就能通过提高你的音频积压的播放速度和快速编辑删除停顿来节省时间。此外，对于通话双方来说，遇到网络延迟也不是很麻烦的事情，只需要学会等待一会儿就行。

然而，在元宇宙中发生的一切都是基于时间线同步发生，你经历的正是别人正在经历的，要求实现同频刷新。在元宇宙里的行为动作、彼此互动、在线交谈等体验，都是实时发生的，因此必须有良好的数据传输速度、网络运算等技术。

元宇宙并不是一个独立于现实的平行世界，而是一个与现实双线"同步"的世界。其"同步"有以下特征：

（1）不断运转。它不会像游戏服务器那样"重置""暂停"或"结束"，只会无限期地继续下去。

（2）实时更新。现实世界中的事件在元宇宙中也会发生，并映射出所有现实中的连锁反应。

（3）拥有以数字化身为代表的真实人类。利用VR、体感设备为个人创造活生生的体验和"存在感"，每个人都可以成为元宇宙的一部分，在同一时间与个人机构一起参与特定的事件。

（4）无时无界。任何人能在任何时间、地点链接元宇宙，就和我们现在从兜里掏出手机上网一样方便，也就是说，人们可以随时随地使用设备登录元宇宙并沉浸其中。

元宇宙不属于任何组织所有，具有去中心化的特点，且应用于元宇宙的技术是开放的，为大家共有、共享。

交互性：为元宇宙提供沉浸式虚拟现实体验阶梯

交互技术是元宇宙技术的关键入口，为元宇宙的真正落地提供了重要硬件载体，是解决人机之间信息传播的"最后一厘米"的技术，直接影响着元宇宙用户的沉浸感。

交互技术又称交互设计，是一种设计交互式数字产品、环境、系统和服务的实践。交互式设计在创造物理（非数字的）产品、探索用户互动的过程中，发挥着重要作用。常见的交互式设计包括设计、人机交互和软件开发。交互式设计的主要关注点是行为。

交互式设计，并不是对事物的现状进行分析，而是尽可能地进行综合与想象。这种交互设计元素体现在设计领域，而非科学或工程领域。软件工程等学科非常关注技术利益相关者的设计，交互设计则关注满足用户的需求，并在相关的技术或业务范围内优化用户。

交互技术为元宇宙提供了沉浸式虚拟现实体验阶梯。近几年，交互设备市场迎来热潮，国内外各大企业纷纷开拓元宇宙的新市场。有报告显示，2021 年全球 VR、AR 行业融资并购金额 556 亿元，同比增长 128%；中国 VR、AR 行业融资并购金额达 181.9 亿元，同比增长 788%。

2022年8月,腾讯申请注册XR商标,小米、联想、英伟达(NVIDIA)等分别公布新型XR眼镜产品,谷歌、苹果、Meta公布多项XR智能设备相关专利……可见,随着元宇宙的发展,交互技术相关产业也获得了国内外巨头企业的关注,得以迅速发展。

元宇宙是以VR、AR等技术手段构建的一个与现实世界类似的平行世界,全面融合了区块链、AR、5G、大数据、人工智能、3D引擎等新技术,通过交互方式和显示方式的变革,提升虚拟世界沉浸式体验。

下面,我们就分别从VR技术、AR技术、MR技术、全息影像技术、脑机交互技术、传感技术等角度来细说交互。

1. VR技术

VR技术,是一种可以创建和体验虚拟世界的计算机仿真系统。其主要利用计算机生成一种模拟环境,是一种多源信息融合的、交互式的三维动态视景和实体行为的系统仿真,可以让用户沉浸其中。

VR是一种身临其境的体验,用户只要戴上头显,就能看到数字世界并在其中进行操作。目前,VR使用完整的头显而不是眼镜,用户可以沉浸在虚拟世界中,获得深度体验。

2. AR技术

AR技术,是实时地计算摄影机影像的位置及角度并加上相应图像、视频、3D模型的技术,其目标是在屏幕上把虚拟世界套进现实世界并互动。AR是投射在现实世界上的数字叠加层。

3. MR 技术

MR（混合现实）技术，包括增强现实和增强虚拟，是虚拟现实技术的进一步发展，主要是在虚拟环境中引入现实场景信息，在虚拟世界、现实世界和用户之间搭起一个交互反馈的信息回路，增强用户体验的真实感。

4. 全息影像技术

全息影像技术的核心是，通过光波传导棱镜设计，从多角度将画面直接投射到用户视网膜，达到欺骗大脑的目的。通过这样的技术，影像往往更加真实。其直接与视网膜交互，解决了视野太窄或眩晕等问题。

全息影像技术是摄影技术的下一阶段，具体过程是：先记录物体散射的光线，然后将其投影为无须任何特殊设备即可看到的三维物体。用户可以在显示器周围走动，形成逼真的图像。

5. 脑机交互技术

脑机交互也称脑机接口（BCI），有时也被称为神经控制接口（NCI），人机界面（MMI），直接神经接口（DNI），或脑机接口（BMI），指在大脑或外部装置之间的直接通信通道。通常用来研究、映射、协助、加强或修复人类认知或感觉运动等。

6. 传感技术

传感技术，简单地说就是利用传感器通过检测物理、化学或生物性质量来获取信息，并将其转化为可读信号。

传感器不仅应用范围广泛，种类也很多，但基本上传感器能够检测被测对象的特征量，并把这个特征量转化为可读信号，在仪器上显示。

总之，元宇宙是一个共享的虚拟空间，允许个人在数字环境中与其他用户进行交互。

去中心化：元宇宙打造了一个去中心化的互联网生态

现有的经济社会形态与秩序严重依赖于中心化平台，运行规则是中心化的，本质源自人与人之间难以建立起信任体系，之后演化出了具有公信力的中心化平台，对用户的信誉背书并保障用户的权利。但随着平台经济的快速增长，中心化机构出于商业目的大量收集个人隐私数据，平台垄断与个人信息泄露问题日益严峻。而去中心化可以弥补现实世界中难以建立的信任体系，重塑元宇宙特殊的社会形态。

元宇宙作为一个新兴的概念，其核心是建立在区块链技术上的，这意味着它的去中心化特性是不可或缺的。

所谓中心化，就是依靠中心决定节点，节点依赖于中心，所有数据通过中心中转，离开了中心节点，就无法顺利运行。跟中心化比起来，去中心化就是去掉一个可以控制所有节点的中心，将节点变成一个又一个分散的中心。在一个分布有众多节点的系统中，每个节点都具有高度自治的特征。节点之间可以自由连接，形成新的连接单元。任何一个节点都可能成为阶段性的中心，但不具备强制性的中心控制功能。节点与节点之间的影响，会通过网络形成一种非线性因果关系，这种开放式、扁平化、平等性的系统现象或结构，就是去中心化。

具体到互联网中，去中心化是指相对于早期的互联网（Web 1.0）时代，Web 2.0 时代新型网络内容不再由专业网站或特定人群所产生，而是由权级平等的全体网民共同参与和创造，任何人都可以在网络上表达自己的观点，共同生产信息，如抖音等互联网社交平台就是具有去中心化特征的。

在元宇宙中，区块链的底层技术和去中心化方案可以打造一个创作者经济体系。例如，当下的 NFT 艺术平台作为元宇宙的早期基础形式之一，可以让每个人的每个作品都成为区块链上的节点，每个人都可以参与艺术创作和交易。随着网络服务形态的多元化，去中心化网络模型越来越清晰，也越来越成为可能。去中心化的互联网是区块链的核心内容，元宇宙带来的 Web 3.0 时代必将打造一个去中心化的互联网生态。

从技术角度来看，区块链技术可以确保数据的透明性、安全性和可靠性，但如何确保网络的可扩展性和效率仍然是一个挑战。目前，很多元宇宙平台都在采用侧链、分片等技术手段来解决这些问题，但这些解决方案并不完美。

除了技术问题，元宇宙的内容生产是否去中心化，还与平台的治理模式密切相关。目前，一些元宇宙平台采用了中心化的治理模式，平台的运营和发展更多地依赖于中心化的决策机构。然而，这种中心化的治理模式与区块链技术的去中心化精神不符。因此，建立去中心化的治理模式，让社区用户参与到平台的决策过程中，是实现元宇宙内容生产去中心化的关键。

而要想实现元宇宙内容生产的去中心化，需要区块链技术、社区建设、治理模式等多方努力。同时，需要在保障用户权益、防范欺诈和维护网络安全等方面下功夫，确保元宇宙的可持续发展。

在元宇宙的发展过程中，去中心化的内容生产不可或缺。只有保障区块链技术的核心特性，才能真正实现元宇宙的去中心化理念。

自由和自洽：元宇宙是自由的、自洽的、自治的

元宇宙是自由的、自洽的，更是自治的。

1.元宇宙是自由的

元宇宙拥有自由的身份体系。元宇宙赋予了个体主动根据自我意识构建数字身份的权利，相较中心化平台中被标签化的数字账号，元宇宙中的数字身份更具超越性。在互联网时代的发展中，人们在不同的平台拥有不同的数字账号，按照中心化平台的规则与用户交互，并被平台按照特性赋予标签归类，个人特性被磨平，只保留标签化的符号。而去中

心化技术，可以提供自由且开放的源代码，数字居民可以自由编辑和创造多个身份及特征，打造更多元立体的数字身份，形成个性的延伸。

元宇宙中，数字身份不用跟物理真实身份绑定，可以超越现实的制约，是个人意识与精神的化身。在构建数字身份的过程中，身体的主体地位被弱化，以意识作为媒介，基于自我意识构建数字身份。

元宇宙中，自由且开放的源代码赋予个人定制超过现实化身的权利，化身可以根据自我意识或情绪的变化而改变。此外，个人也可以定制多个化身，使数字身份具有角色易变性和映射多重性，丰富元宇宙的文化自由度与丰富度，形成更加立体多元的数字身份。

2.元宇宙是自洽的

这里的自洽，指的是元宇宙拥有自洽的经济体系。

数字世界带来了零复制成本，任何商品都可以无限供给，数字商品仿佛取之不尽的空气。正如没人愿意为空气付费一样，消费者无法因商品的稀缺产生效用进而购买，供给者无法得到回报而无法形成生产激励。因此，稀缺性是产生交换价值的根源，人为构建稀缺性对元宇宙中的价值形成具有必要性。

以区块链为底层技术的数字资产通过设定产权的方式构建了稀缺性，其中 NFT 最为流行。NFT 具有不可替代和不可分割的特点，代表了数字资产的产权，通过资产通证化（asset tokenization）人为构建了数字商品的稀缺性。区块链技术保障了数字商品的确权与溯源，使数字资产产权得以明晰，创造了供给与需求，在供需的交换中形成价值。

元宇宙中的价值转移功能在数字资产的初次交换、二级市场流通中得以体现。在初次交换中，区块链及NFT保障了数字商品的确权，构建稀缺性创造产品的交换价值，创造供给与需求，价值转移功能在供需双方的交换中体现，形成自由市场决定均衡价格。在二级市场流通中，NFT作为有价代币，可以增强数字资产的流动性和交易活跃性，形成更加灵活的价格调整，进一步增强价值转移功能。

去中心化也重塑了元宇宙经济体系中的供需双方，用户分别代替企业、家庭单位成为主要的生产单元、消费单元。随着区块链技术的完善，将构建出通证激励系统，去中心化的自治组织（decentralized autonomy organization，DAO）可以在分布式的条件下保障去中心化平台的交易，用户逐步从纯粹的内容消费者变成内容提供者，UGC产品成为主流，用户取代企业成为最主要的生产单元。同时，用户取代家庭成为元宇宙中的基本消费单位。

3. 元宇宙是自治的

元宇宙拥有自治的制度体系。基于去中心化的治理架构与公开透明的治理规则，元宇宙可以实现公共自治的制度体系。

DAO基于区块链技术，以智能合约的形式将组织管理规则编码在区块链上，使去中心化管理模式得以运转。在早期的元宇宙实践中，通常是由提供服务的平台来扮演管理角色；而随着元宇宙的发展，DAO可以组织社区内数字居民对各类方案进行不可篡改的公平投票，从而制定出组织治理规则，并将投票得出的社区治理规则，以智能合约的模式编码在区块链上，以公开透明的方式进行治理，使中心化的管理角色逐步让位于更广泛的公共选择。

第三章
巨头涌入：头部互联网厂商布局元宇宙

谷歌：布局云游戏和服务

随着 2021 年 11 月"谷歌实验室"的神秘复出，谷歌也是大动作频频。

1. 招兵买马组团大战元宇宙

2021 年底，谷歌这个网络巨头企业将旗下多个团队整合为一个叫"谷歌实验室"的部门（此部门与 2011 年被裁撤的另一个部门同名）。

"谷歌实验室"的新计划并不是让实验室成为一个大众消费者品牌，而是通过重组的方式将员工招募到项目团队中去（如 Starline），重组也可以让谷歌关注一些投入和风险都更大的项目。

谷歌将重组描述为"专注于启动和发展新的、前瞻性的投资领域。该组织的中心是一个名为实验室的新团队，专注于外推技术趋势，并正在进行一系列高潜力、长期的项目"。"谷歌实验室"关注 AR、区块链等公司高层认为会定义未来的技术。

谷歌为"谷歌实验室"招揽、调配了大批人马。"谷歌实验室"有充足的人员，包括很多行业老手。

2.谷歌布局云游戏

随着谷歌的加入，整个游戏行业可能将因一轮新的技术升级而发生改变。

2019年3月20日，谷歌在GDC游戏开发者大会上公布了名为"Stadia"的全新游戏平台，意味着这个靠做搜索、软件服务起家的科技公司，将会正式参与到和其他游戏平台的竞争当中。

Stadia是一个完全基于云端的游戏平台，它在模式上和此前大部分"云游戏平台"类似，谷歌也是将大部分的处理、渲染工作都交给了遍布各地的服务器，然后通过高速网络，把可供玩家交互的游戏流画面传回本地，用户的操作也会实时和云端产生回传。

现场展示了这样一个片段：测试人员先是在一台笔记本电脑上试玩一款游戏，几分钟后他换成了一台手机，而当前的游戏进度也随之从笔记本电脑上转移到手机上，整个切换在数秒内就能完成。

"未来的游戏机将不再是一个物理盒子，服务器就是你的平台。"在发布会上，谷歌副总裁Phil Harrison说道。他强调，Stadia将会抛弃过往的游戏下载、安装、打补丁、更新包等形式，让服务器直接和玩家进行连接，最终实现"无需等待、即点即玩"的目标。

正因如此，理想状态下，用户只要确保足够的本地带宽和网络连接，就可以在电视、台式电脑、平板电脑乃至手机上畅玩各种游戏，实现跨平台无缝连接，而不用再下载体积庞大的安装包到本地，也不用再被本地硬件算力束缚。

谷歌的云游戏除了可以在 Chrome 上玩，还可以通过 Crowd Play 功能，在 YouTube 的游戏直播中，让想要挑战的玩家进入并继续游戏。如果谷歌的云游戏规模越做越大，将会给 YouTube、Chrome 这样的入口带来非常大的流量。

3. 谷歌布局云服务

谷歌在"虚拟＋现实"的元宇宙云服务战略上的布局主要体现在沉浸式地图。

2022 年，谷歌宣布针对地图导航和购物，加入更多沉浸或 AR 体验功能，在谷歌地图上推出沉浸式 3D 实景导航功能，用户能用手机观看整座城市细节，甚至不同角度的城市面貌，都能一览无遗，另外 AR 购物也将支持多种商品的虚拟展示，让消费者在商店购物也能有线上购物一样体验。

谷歌推出的沉浸式导航 3D 地图，结合卫星街景照和计算机视觉技术所生成，能提供比传统的 3D 地图更高分辨率以及更生动的亲临体验，地图上可以真实反映出现实世界的街道、建筑景观、餐厅，用手机就能查看，还可以放大来观看街道、不同商店细节，犹如一座城市的元宇宙。

谷歌地图是卫星地图结合 3D 智能建模技术形成的，也就是用 AI 大模型技术将海量二维平台照片合成为 3D 图像。所以，谷歌沉浸式地图，获得了逼真的效果。谷歌沉浸式地图还包括 3D 旋转和切换功能带给用户更真实、更全面的体验。

Epic Games：推进虚幻引擎等领域的发展

Epic Games（以下简称 Epic）是一家位于北卡罗来纳州卡里的美国视频游戏和软件开发商和发行商。该公司最早由 Tim Sweeney 和 Mark Rein 创立于 1991 年，同年发布了第一个商业视频游戏。Epic 还开发了虚幻引擎，这是一种商用游戏引擎，为其内部开发的如《堡垒之夜》等视频游戏提供动力。

2021 年 4 月，Epic 获得 10 亿美元融资，主要用于元宇宙开发，Epic 估值也因此达到 287 亿美元。而 2020 年 8 月，它完成了 17.8 亿美元的融资，估值只有 173 亿美元。只用了短短的 8 个月，Epic 的估值就上涨了 65.9%。

《堡垒之夜》于 2017 年发行，是一款第三人称射击游戏，因特殊的玩法与各种联动"彩蛋"而在国外有着极高的知名度，已成为一款极受欢迎的游戏。

2019 年 2 月 3 日，《堡垒之夜》这款在国外火得不要不要的游戏迎来了一个大事件——棉花糖（知名 DJ）在《堡垒之夜》中的虚拟演唱会"彩蛋"。这次活动是堡垒之夜联合棉花糖策划的又一个彩蛋，《堡垒之夜》这款游戏自诞生以来就广受大众青睐，其卡通的画风，优秀的游戏优化，有趣的游戏模式，让这款游戏热度狂飙，甚至其中的一些舞蹈表情也火到了各大社交媒体。

《堡垒之夜》用心地将游戏变得更加有趣，各种"彩蛋"的加入也使堡垒之夜变得耐玩。

电子游戏自诞生以来，就是一个以娱乐为首要目的的产物，是人类对现实世界的扩充，在游戏中人们可以让想象变为现实，可以穿梭时空去到古时的埃及体验神秘的文明，可以去遥远的未来，感受科技的发展。互联网的诞生，又让游戏有了里程碑式的变化，网络联机游戏的诞生使原本独立的玩家们感受到共同游戏的乐趣。

Epic 将游戏与现实世界连接的各种"彩蛋"，也许不是最早出现的，但绝对可以说是最成功的一批。

在 Epic 首席执行官蒂姆·斯威尼看来，元宇宙是一个广阔的数字化公共空间，用户可以自由地与品牌及彼此互动，这个空间允许自我表达和激发快乐的互动方式。它就像一座线上游乐场，用户可以和朋友一起玩《堡垒之夜》之类的多人游戏，可以观看电影，转眼又可以去试驾新车。它的互动方式与传统模式有巨大的差异。

腾讯：投入内容和社交，布局"全真互联网"

出身于通信软件业务，从 QQ 到整个业务版图的建立，离不开腾讯自我革新、自我净化的特性。面对 AI 和 5G 时代，腾讯启动了新一轮的战略升级，将社交与内容产品融合重塑，让其能更加适应智能化、便捷化的内容时代。其实，在社交及内容领域，腾讯长期以来一直保持着领先的市场地位，得益于其自我革新的能力。

1.腾讯投入内容和社交

最初，腾讯出身于通信软件，以彼时市面上的即时通信产品为基础，创新开发出了更适应中国市场的 QQ，从此占据了几代年轻人的记忆。现在回首，从 PC 端互联网到移动互联网时代，不断求变是 QQ 始终在即时通信市场中保持主导地位的关键。

从一开始，QQ 是年轻人聊天交友的社交软件，QQ 空间就像一个内容生产平台的雏形，迅速聚集了一众年轻用户。在微信崛起之前，QQ 在版本不断更替、不断适应年轻人使用习惯的过程中，逐渐成长为腾讯的支柱业务。当时，即时通信软件的核心用户集中在年轻群体，但也拥有了相当大的体量和规模。其中，有无数对手争相夺食，都难以打破用户在 QQ 上建立起的强关系链条，社交产品的高度黏性得以彰显。

其后，腾讯不断革新、求变，逐渐由一款单纯的通信软件发展出了一条全面且庞大的数字产业链，从游戏、网络社群、到媒体、网络安全防护，稳中求变让腾讯日益壮大。到了移动端这个新的社交竞争时代，更多的中年用户也涌进了即时通信需求的大市场，社交用户群体的指数级增长也引来了更多的竞争对手，而最终破局占得先机的，仍是在腾讯内部竞争中脱颖而出的"微信"。

能做好准备、把握时机，一方面得益于深厚且不断革新的技术力量，技术是互联网产业发展的命脉，技术水平能否与时俱进事关企业生死存亡。另一方面也在于前瞻性的市场思维，腾讯在动态革新中面对市场，从而总能赶得上风口，甚至自己带领风口，后发先至。

从 PC 互联网过渡到移动互联网时代，不断自我革新的能力，成就了如今的腾讯。而在下一个时代的转折点，自我革新能力也是处在转折期企业的续命药水。

前一个移动端的风口红利快要过去，互联网即将迎来全面 AI 时代、5G 时代，而腾讯再一次深入布局：启动新一轮战略升级，引发行业热议，造成互联网行业震荡，并上演了一场教科书级别的"自我净化"。

首先，腾讯复盘了七大事业群，对数字内容产业进行再定位。2011年进入移动互联网赛道，腾讯二次进化，开创了"事业群制"，其中的社交网络事业群、移动互联网事业群和网络媒体事业群交叉融合，显然不再能适应这个瞬息万变的市场。如今，腾讯保留原有的企业发展事业群、互动娱乐事业群、技术工程事业群和微信事业群，新成立云与智慧产业事业群、平台与内容事业群，大刀阔斧改造了社交和内容产业，将二者重组整合到一起。原有四大事业群依然垂直深耕，社交与内容产业则出现了大融合，数字内容产业的定位分明。

新时代下，"社交＋内容"产业拥有了更为广阔的市场。不仅有更多样的创新形态即将涌现，整个"社交＋内容"产业也将随用户的进一步聚集发生融合、重塑。而腾讯在音、视频等内容领域布局已久，有更宽广的发展空间。如今，腾讯视频已经发展成了集电视剧、综艺、电影、动漫、纪录片等多类内容于一体的内容矩阵。得益于对优质、独家内容的投入和精细化运营，腾讯视频会员付费盈利能力强劲，现已是中国最大的视频付费平台之一。

再者，腾讯的短视频平台——微视奋起直追，借助QQ这一大流量渠道得以广泛覆盖年轻用户，优质、丰富的数字内容资源成为微视发展的一大亮点。同时，NOW直播一方面深入贴近年轻人社交和生活方式，另一方面成为传统文化传承和社会公益事业的输出窗口，"直播＋"模式大行其道。

除此之外，拥有广阔分发渠道的腾讯新闻和天天快报、QQ看点等资讯内容产品的市场规模依然不容小觑。另外，腾讯动漫作为国内最具规模的原创及正版网络动漫平台，如今活跃用户已经过亿，成为大批动漫爱好者的聚集地。企鹅电竞作为腾讯官方出品的游戏直播平台，游戏资源丰富，俨然朝着一站式游戏内容社区的方向发展……

腾讯的内容生态矩阵全面、丰富、立体，长久的布局换来了稳健的业务基础，在当下更为广阔的"社交＋内容"产业前景下，腾讯底盘很稳，实力强劲，拥有开阔的发展空间。

重整后的腾讯业务版图更加清晰，在各自的垂直领域深耕，平台与内容事业群的出现，表明腾讯将专注发力"社交＋内容"，在新的内容时代跑出自己的一番色彩。

2. 全真互联网

"全真互联网"一词，最早出现在2020年底腾讯文化所发布的公众号文章《Pony：以正为本，迎难而上》中。文章里面讲道："现在，一个令人兴奋的机会正在到来，移动互联网十年发展，即将迎来下一波升级，我们称为全真互联网。从实时通信到音、视频等一系列基础技术已经准备好，计算能力快速提升，推动信息接触、人机交互的模式发生更丰富的变化。这是一个从量变到质变的过程，它意味着线上线下的一体化，实体和电子方式的融合。虚拟世界和真实世界的大门已经打开，无论是从虚到实，还是由实入虚，都致力于帮助用户实现更真实的体验。从消费互联网到产业互联网，应用场景也已打开。通信、社交在视频化，视频会议、直播崛起，游戏也在云化。随着VR等新技术、硬件和软件在各种不同场景的推动，我相信又一场大洗牌即将开始。就像移动互联网转型一样，上不了船的人将逐渐落伍。"

2022年，腾讯联合埃森哲发布《全真互联白皮书》，这是腾讯首次对"全真互联"一词进行详细解读。白皮书中写道：全真互联是通过多种终端和形式，实现对真实世界全面感知、连接、交互的一系列技术集合与数实融合创新模式。对个人，全真互联能随时随地提供身临其境的体验；对企业和组织，全真互联让服务变得更可度量，质量更可优化，推动组织效能提升；对社会，全真互联让资源利用效率提升，为产业发展模式带来创新，提高政府治理效能，促进社会可持续发展。

全真体验、无线连接、自由协同与数实融合是全真互联的四大发展特征。

《全真互联白皮书》提到，结合孪生／视频技术，可为人、物、环境创建 1∶1 还原的全面信息孪生体，让数字世界和真实世界相互连接、映射与耦合，实现数实世界的实时同步；而远程交互技术的应用，能让"数实之间"从连接升级为交互。

全真互联更关注实体，而不是独立于现实之外构建一个虚拟世界。2022 年世界人工智能大会中，腾讯集团副总裁李强指出，腾讯更注重实体层面，响应国家推动数实融合发展的方向。关于这一点，马化腾此前也曾透露：腾讯更多从"数实结合"的角度来看全真互联网，而不是纯虚拟的。

腾讯所设想的全真互联涉及了沟通与协同、研发与生产、运营与管理、营销与服务等几大场景的应用。腾讯表示在这些场景中，其均有相关产品或解决方案。

腾讯会议可以满足招聘面试、教育培训、服务咨询等多种场景的真实的跨地域沟通协作；腾讯觅影通过基于 CT 影像的 AI 辅助诊断，能大大缩短医生评估患者病情严重程度的时间；腾讯 AI Lab 推出云深智能药物发现平台——"云深智药（iDrug）"，通过模拟预测帮助研发人员提升临床前药物发现的效率，大幅加速研究进程、节省准备时间、并能够降低成本；对于矿山、港口等作业环境恶劣且危险的场景，腾讯云 TRTC（实时音视频）与 5G 网络融合技术的支持能够实现无人驾驶常态化……

当前无论是全真互联的技术基础还是相关应用都处于非常初始的阶段。但随着数字孪生、区块链、XR 等技术或步入成熟，全真互联的核心技术将发展成熟并带动更多关联技术的稳步发展，同时底层牢固基础将支持上层孪生 / 视频和部分远程交互、泛在智能的实现。

字节跳动：收购Pico，拓展VR版图

字节跳动成立于 2012 年，是最早将人工智能应用于移动互联网场景的科技互联网企业之一。旗下产品有今日头条、西瓜视频、抖音、头条百科、皮皮虾、懂车帝等。在元宇宙概念受到广泛关注之时，字节跳动紧跟风口、迅速入场开展了对元宇宙赛道的全方位布局。

随着技术和基础设施的完善，加之沉浸感、多元化、低延迟、经济系统等多个行业要素的融合体现，元宇宙逐渐成为企业新的发展方向。字节跳动基于自身创新协同的文化基因，形成以算法推荐技术为核心的

业务体系，顺应元宇宙趋势，从用户入口角度切入元宇宙。

字节跳动多年的文化积淀和业务发展奠定了其目前的业务版图和核心产品。字节跳动以算法推荐技术为支撑，结合元宇宙的技术需求和自身业务布局底层技术。2021年，字节跳动的投资方向以AI为主（占据技术投资的50%），业务布局更加强调技术与人的连接性，智能化成为公司的主要方向。2021年中国国内市场VR头显出货量达365万台，同比增长13.5%。随着VR硬件市场的迅速发展，2021年，字节跳动旗下的Pico国内出货量约为50万台，和大朋VR设备占据了国内主要市场份额，整体数据表现良好。

在硬件层面，收购硬件厂商Pico，布局元宇宙入口。VR设备作为沟通人与虚拟世界的桥梁，受到广泛关注，成为资本关注的重要领域。字节跳动用90亿元人民币收购Pico，体现了其对VR领域的重视。

2021年8月29日上午，Pico发布全员信，称Pico将并入字节跳动的VR相关业务，整合字节的内容资源和技术能力，在产品研发和开发者生态上加大投入……这一消息在行业内掀起了轩然大波。

北京小鸟看看科技有限公司（以下简称"小鸟看看"）成立于2015年3月，是一家专注于移动虚拟现实技术与产品研发的科技公司，致力于打造全球领先的移动VR硬件和内容平台。除北京总部外，在青岛和北美地区等分别设立有研发中心与区域分部。Pico是"小鸟看看"的旗下品牌。

Pico公司线下销售渠道覆盖七大区域，涉及40多个国内城市。团队致力于虚拟现实技术、产品与交互技术研发设计、市场与开发者拓展、产品与内容支持、VR大规模行业应用与客户服务。

2020年度，Pico荣获北京市科学技术奖——技术发明奖一等奖，旗下旗舰级产品Pico Neo 2 Eye入选2020年度《时代》周刊全球100大最佳发明。

2021年5月，Pico发布了第一款对标Quest的VR头显产品Neo3，发售后备受好评。

VR、AR是5G技术最核心的应用场景之一，也是继智能手机之后的下一代重要终端产品。目前，消费级VR设备在硬件和内容上已日趋完善，苹果、华为等科技巨头纷纷入局。IDC在《2020全球AR/VR市场季度跟踪报告》中预计，2024年全球AR、VR头显设备出货量将达到7670万台，复合年增长率为81.5%。

如今，字节跳动在现有多触角流量入口和场景的基础上，还在加深对元宇宙社交和游戏内容生态布局。

（1）消费体验。字节跳动建立了购物中心Pico Store，用户可以在这里访问虚拟现实内容、应用程序和游戏。

①社交元宇宙。2022年1月，字节跳动在国内市场推出了实景化的实时线上活动社区App"派对岛"，作为一个实景化的实时线上活动社区，用户可以在其中随时化身成自己的虚拟形象和朋友一起闲逛、实时聊天、参与线上活动等，获得沉浸式体验。

②游戏元宇宙。2021年，字节跳动投资的代码乾坤科技有限公司上

线元宇宙游戏《重启世界》，它能够模拟现实世界中的各种力学，如碰撞、重力，高空加速下落，车辆撞击等。

③虚拟偶像元宇宙。2020年末，字节跳动与乐华娱乐联合企划的虚拟偶像女团A-SOUL正式"出道"。2022年1月，字节跳动独家投资了AI虚拟数字人李未可。

④"游戏+虚拟人"元宇宙。2022年4月，字节跳动投资虚拟人李星澜，李星澜是MMC Society团队开发的科幻生存游戏《代号：降临》里的超级人工智能角色，她在游戏中为玩家提供帮助，作为AI虚拟人在社交平台与大众互动，拥有来自未来的"AI大脑"，是智能的虚拟人。

（2）创作开发。抖音特效开发平台是抖音旗下特效创作平台，也是特效创造者的工具。平台的旗下像塑特效创作工具，支持合成各种2D、3D特效并实时预览，还具备人脸跟随、手势识别等多种触发功能。

（3）基础设施。字节跳动基于在操作系统技术上的长期实践，打造了veLinux操作系统，在火山引擎云基础设施之上运行，旨在为上层业务提供稳定的系统支撑，同时拥有系统安装、部署、升级、补丁等全生命周期的完整解决方案。2021年12月，字节跳动旗下火山引擎正式发布全系云产品，包括云基础、视频及内容分发、数据中台、开发中台、人工智能等五大类、共计78项服务。在云基础架构上，火山引擎走全栈自研、软硬一体的协同设计路线，产品体系覆盖了计算、存储、网络等各环节。

（4）元宇宙战略合作。2021年9月，投资瑞思芯科公司，其作为一家为智联网提供核心处理器的芯片公司，主打技术产品适用于可穿戴设备、智能家居、智能安防等多种场景。2021年10月，字节跳动投资了云脉芯联，用于构建大数据中心和云计算基础设施的网络互联芯片。字节跳动还投资了光舟半导体公司，光舟半导体公司是一家光波导系统提供商，而光波导是AR眼镜的核心显示技术。

米哈游：与上海瑞金医院合作脑机接口技术和临床应用

随着人们的健康水平和意识逐步提高，生活方式已经悄然发生变化，突发公共卫生事件可能给人们的生活造成巨大影响。以5G和高速互联网为代表的信息化生态系统建设，可以极大地促进医疗与信息技术的融合。

上海交通大学医学院附属瑞金医院是一家集医教研预防于一体的大型公立医疗机构，全方位干预健康影响因素，维护全生命周期健康。米哈游网络科技股份有限公司是一家中国互联网百强企业，专注于图形学、深度学习、智能工具平台等信息技术领域的开发与应用。

2021年3月，在瑞金医院院史陈列馆会议室，"瑞金"与"米哈游"签订了战略合作协议，双方决定结合各自在医学临床研究和信息技术领域的优势,合作共建"瑞金医院脑病中心米哈游联合实验室",依照产学研医相结合模式,形成"基础—临床—产业"三大环节全链条脑科学研究体系。

双方基于虚拟现实技术的数字疗法,以便捷的方式管理治疗措施,不受制于患者日程安排,在患者熟悉的私密环境中提供干预,减少传统药物带来的困扰,打造云慢病闭环管理体系,实现慢病"预防—诊疗—康复—随访"的全程防控体系的建设。

同时,以"中国脑计划"的实施为契机,米哈游助推建设瑞金医院脑病中心,以神经调控与脑机接口临床应用为突破口,助力医学服务与研究的数字化、移动化、远程化和智能化。

第四章
技术集群：支持元宇宙的技术板块

算力网络：数字经济的新型信息基础设施

数据是新时代的生产要素，算力是设备处理数据的速率，数据量的快速扩张带动算力需求显著上升。随着数字经济的发展，我们正处于一个数据成倍增长的时代。

算力网络是指云—网—端结合，一体化调度算力资源的基础设施。传统的网络设施仅承担信息传递的基础功能，是连接用户与计算资源的"数据通道"；而算力网络可以提供数据、计算资源、网络的一体化服务。例如，客户在运营中需要分析处理一批数据，需要用到CPU、GPU、存储等多样化的算力资源。相比于从不同供应商处购买不同的软硬件资源，再购买运营商网络来调度数据，算力网络可直接通过网络调用接入的各类算力资源，实现一站式的算力服务。

1. 算力网络发展的主要原因

从协同走向融合，"东数西算"推动算网发展。算力网络从架构上分为基础设施、编排管理和运营服务层，其中编排管理层向下进行算力管理、控制网络调度，向上提供算网调度能力接口，是算力网络架构中的关键"大脑"。目前，算力网络建设尚处于从基础设施泛在协同的起步阶段到算网资源融合统一的发展阶段间,通信运营商正有序推进算力网络建设。算力网络是新基建的组成部分,"东数西算"工程的实施将有助于全国一体化的算力资源调度及基础设施建设,为算力网络建设打好坚实底座。

通信运营商主导,多方参与共创算力网络产业生态。算力网络是由多个数字化基础设施行业所构成的有机整体。通信运营商是算力网络产业链中的牵头参与方,在构建算力网络生态上具有天然优势:

(1)通信运营商依靠网络资源抓住终端连接入口。

(2)5G网络的高带宽、大连接、低时延的特性是算力网络数据传输的前提条件。

(3)通信运营商自身的IDC和云计算布局提供基础设施资源,西部IDC布局有效降低算力成本。

(4)通信运营商海量个人用户和政企用户是推广算力服务的关键用户入口。

(5)产业链资源丰富,协同多方力量推进算力网络生态建设。云计算和IDC厂商等同样是算力网络产业链的关键参与者。

2.算力网络是元宇宙发展前期的重要基础设施

算力网络集合了云计算、数据中心、5G网络等基础设施,为元宇宙应用及垂直行业的算力需求提供基础的计算资源。随着云、网技术的不断融合改进,算力网络可解决元宇宙发展带来的网络及计算资源需求扩张问题,提供更为灵活、低成本的算力服务。

（1）协同调度，降低成本，算力网络助力数字建设。当前互联网进入由 Web 2.0 到 Web 3.0 的过渡期（参考报告《Web 3.0：新范式开启互联网新阶段》），元宇宙的发展伴随着数字孪生、智慧城市、虚拟人等新型应用的诞生，虚拟世界的发展对网络传输和计算提出更高要求。

（2）算力供需分布分散化、不均衡，需要算力网络来调度。随着 5G、AI 等技术的发展，万物互联成为可能，智能家居、智能汽车、智能工厂等各类终端都可能成为算力的产出设备，接入设备分布呈现出分散化、下沉化的趋势。此外，我国的算力资源部署呈现不均衡的特征，东部发达地区算力供不应求，西部资源丰富地区的 IDC 机房则上架率不足。数字经济的发展需要一张能够连接云、边、端的各类设备的网络来进行算力统筹规划。

（3）VR、AR 等与大带宽、低时延网络紧密相关。当我们拨打视频电话和点击网页时，100~200ms 的时延响应尚且可以接受，但在 3A 游戏中，同样程度的延迟就会使玩家感到卡顿，导致体验感显著下降。

根据 Subspace 的统计，游戏延迟时间每增加 10ms，用户的游戏时长就会减少 8%。VR、AR 技术的应用进一步扩大了带宽要求，算力网络的应用可以网络为接入，直接调度算力资源，提供云端渲染，实现低时延的高清视频享受。此外，算力网络可将大规模计算资源部署于西部计算节点，通过直连通道与东部需求匹配，降低对于时延要求较低的业务成本，推动 AI、高清视频等需要大量计算的商业应用的推广普及。

赋能元宇宙及垂直行业应用，算力网络推动社会数字化转型。算力网络自身一体化的服务能力和技术优势，可解决元宇宙和垂直行业应用场景下的算力需求痛点。随着算力网络向算网融合阶段迈进，算力网络将进一步在工业、能源、交通、建筑等多个行业得到广泛应用，推动我国数字经济产业蓬勃发展。

AI：元宇宙中的重要角色

随着科技的快速发展，元宇宙和 AI 的融合成为备受科技界关注的热门话题。元宇宙是人类虚拟现实创新的巅峰，是一个由虚拟世界和现实世界相结合而产生的数字版的宇宙。而 AI 则是现代科技的代表，通过模拟人类思维和学习机制使计算机具有智能。将这两种支持科技不同技术结合起来，能让我们更深入地探索元宇宙中的世界，并打造更加智能化的虚拟舞台。

1. 关于 AI

AI 是基于收集的数据和信息不断对自身的能力进行改进的系统或机器，可以在一定程度上模拟人类智能来执行任务。AI 可以以闪电般的速度对大量数据的潜力进行分析，产生见解并推动行动。用户可以利用 AI 进行决策，还可以将 AI 与自动化结合起来，实现低接触流程。

现在，AI 的应用比我们想象得更普遍。在麦肯锡的一项调查中，

50%的受访者表示，他们公司至少有一项业务功能使用AI。

在面向消费者的应用中，AI通过面部识别、自然语言处理（NLP）、更快的计算在其他各种更深层次的过程中发挥着重要作用。不远的将来，AI定然会被应用于AR、VR，构建更智能的沉浸式世界。

AI技术已被广泛应用于人们的生活。例如，聊天机器人使用AI更快速、高效地理解用户问题并提供更有效的解答；智能助手使用AI来解析主人的语音或者文本中的关键信息，从而更好地为主人提供个性化服务；推荐系统可以根据用户的观看习惯自动推荐视频短片等。从无人驾驶到人脸识别，人们无时无刻不在使用AI技术来高效解决现实问题。

2.元宇宙为什么需要人工智能

元宇宙的高质量应用，离不开人工智能的协力和赋能。元宇宙是一个广阔的虚拟空间，用户可以在其中以模仿现实世界的复杂方式，与3D数字对象和彼此的3D虚拟化身进行交互。元宇宙是利用科技手段进行链接与创造的虚拟世界，与现实世界映射与交互，具备新型社会体系。从技术角度来说，虽然VR世界可以在没有人工智能的情况下存在，但两者的结合却能全面提升逼真度。这里，介绍五个用例：

（1）精确的化身创造。用户处于元宇宙的中心，化身的准确性可以决定用户和其他参与者的体验质量。借用AI引擎，就能对2D用户图像或3D扫描结果进行分析，得出高度逼真的模拟再现。然后，就能绘制出各种面部表情、情绪、发型、衰老等特征，使数字化身更具活力。如今，Ready Player Me等公司已经开始使用AI技术作为在元宇宙中构建数字化身的基础，Meta 正在开发自己的技术版本。

（2）数字人类。数字人类是存在于元宇宙中的聊天机器人的 3D 版本。实际上，它们并不是另一个人的复制品，更像是电子游戏中支持 AI 的非玩家角色（NPC），在虚拟现实世界中可以对用户的行为作出反应。数字人类是使用 AI 技术构建的，从游戏中的 NPC 到虚拟现实工作场所中的自动化助手，各种应用层出不穷，比如：虚幻引擎和灵魂机器等公司已经在这个方向上进行了投资。

（3）多语言可访问性。数字人类应用了 AI 的语言处理功能。AI 可以帮助分解汉语等自然语言，将其转换为机器可读的格式，执行分析，得出响应，将结果转换成汉语等语言并发送给用户，整个过程只需几分之一秒，如同一次真正的对话。AI 分析的结果可以转换成任何语言，世界各地的用户都可以无语言障碍地访问元宇宙。

（4）虚拟现实世界的大规模扩张。这是 AI 真正发挥作用的地方。当 AI 引擎输入历史数据时，就能从过去的输出中学习，并尝试提出自己的数据。随着新的输入、人工反馈和机器学习的强化，AI 的输出会变得更好。比如：英伟达公司正在训练 AI 创建整个虚拟世界。这一突破可以推动元宇宙的可扩展性，可以在无人干预的情况下添加新世界。元宇宙吸收了信息革命（5G/6G）的成果，在互联网（Web 3.0）、AI，以及 VR、AR、MR、XR 等技术发展的背景下，数字技术变革（区块链）和计算技术变革（云计算）为元宇宙赋能。元宇宙向人类展示了构建与传统物理世界平行的全息数字世界的可能性，引发了信息科学、量子科学、数学和生命科学的互动，丰富了数字经济转型模式。

（5）直观界面。AI 可以辅助人机交互（HCI）。当用户戴上一副复杂的、支持人工智能的 VR 耳机时，传感器就能读取并预测你的电子和肌肉模式，准确地知道你想在元宇宙中如何移动。

AI 可以帮助用户在虚拟现实中重建真实的触觉，还可以帮助实现语音导航，用户不必使用手动控制器，就能跟虚拟对象进行交互。

当前，AI 作为引领新一轮科技革命和产业变革的战略性技术，已经极大地影响和改变了众多行业与社会生活的面貌。在元宇宙这一全新的世界维度中，AI 不仅能使元宇宙的形式更多样、体验更动人，还能使元宇宙本身的产业赋能效应得以更充分地发挥，实现过去未曾实现的创意。此外，元宇宙也能将 AI 的应用触角延伸至更广阔的维度，从而实现 AI 与元宇宙的双向奔赴。

3. AI 和元宇宙的结合影响未来

随着人工智能和元宇宙的不断发展，未来的世界将会变得与众不同。这两个领域的崛起将引发未来的技术革命，影响人们的生活方式、经济、社会和文化。

首先，AI 在未来的世界中将扮演着至关重要的角色。AI 无论是在医疗保健、金融、教育还是制造业等领域，都有巨大的潜力，可以优化和改善工作流程。未来，AI 将继续发展，更多的智能机器人将取代人类从事重复性、危险或高度劳动密集型的工作。由于 AI 技术水平不断提高，自动化的生产过程将更为高效，并且减少需要人工干预的工作量，为人们提供更多的自由时间和创新空间。

其次，随着元宇宙的崛起，人们将进入一个全新的数字世界。在未来，元宇宙将成为人们可以进入、探索和参与的虚拟世界。这个世界不仅可以提供虚拟现实的体验，还可以为人们的社交、经济和文化生活带来新的可能性和挑战。在元宇宙中，人们可以与其他人互动、共同创作，分享资源和知识，构建一个全球性的数字社区。例如，人们可以对元宇宙中的数字资产进行贸易和销售，可以通过虚拟场景举办全球活动、展览和演出，可以从各种虚拟场景中学习、创作和游戏。

再次，AI和元宇宙将塑造未来工作的方式。随着现有岗位变得自动化和数字化，人们需要不断地适应新的技术和流程，学习新的技能，让自己具备创造力、创新能力和合作能力，以便在新行业中取得成功。需要注意的是，人们要更好地控制自己在虚拟世界中游戏的时间和工作强度。

最后，未来的世界将会变得更加人性化。AI和元宇宙将大大改善人们的医疗保健、工作、社交交往和居住环境。例如，AI可以帮助医生在短时间内诊断出疾病，为患者提供更好的医疗服务。元宇宙可以为人们提供一个更为便利和安全的生活、工作方式，旅游和各类活动也将更加多样化和丰富。

区块链：助力元宇宙实现升维

对于元宇宙来说，区块链非常重要，甚至可以把它比作开启元宇宙的钥匙。为什么这么说呢？因为5G、物联网、VR、AR和AI技术，从本质上来说，都是基础设施，只是为用户提供一个技术实现的解决方案。要想让元宇宙要真正运作起来，必须进行一定的经济活动。

在区块链出现之前，数字世界是无法进行交易的。原因有二：一是，没有交易媒介；二是，任何东西都可以被不断地复制，没有稀缺性。区块链以及NFT的出现，完美地解决了这个问题。有了稀缺性，就有了价值锚定物；有了价值锚定物，就有了交易；有了交易，就有了商业；有了商业，就有了经济；有了经济，就有了真正的元宇宙。

如果是说互联网技术是互联网时代的"毛细血管"，那么，区块链就是元宇宙时代的"毛细血管"。弄清楚区块链在元宇宙里的功能和作用，并找到发挥其最大功能和作用的方式和方法，元宇宙才不再是虚无缥缈的概念，而是一个有所承接、有始有终的真实存在。

1.区块链，元宇宙时代的"毛细血管"

元宇宙是接近真实的沉浸式虚拟世界，构建对应的经济系统至关重要。区块链让元宇宙完成了底层架构的进化,一方面,区块链可以使人们在元宇宙中创造一个完整运转,且链接现实世界的经济系统,玩家的资产可以顺利和现实打通;另一方面,区块链完全去中心化,不受单一方的控制,玩家可以不断地投入资源。

NFT 是区块链框架下,代表数字资产的唯一加密货币令牌,将是元宇宙的经济基石。NFT 可与实体资产一样买卖,保证了元宇宙中基础资产的有效确权。

需要思考的是,此前的普通虚拟世界(网游、社区等)一直以来都被当作娱乐工具,而非真正的"平行世界",主因在于这类虚拟世界的资产无法顺畅在现实中流通,即便玩家付出全部精力成为虚拟世界的"赢家",大概率也无法改变其在现实中的地位;这类虚拟世界中玩家的命运不掌握在自己手中,一旦这些运营商关闭了"世界",则玩家一切资产、成就清零。

区块链的出现,可以完美解决上述问题,让元宇宙完成底层架构的进化,而这正是目前被市场所忽视的一个产业环节。

区块链这个概念源自 2008 年,一位叫中本聪的匿名人士在其发表的《比特币:一种点对点的电子先进系统》中提出了一种基于加密技术的电子现金系统的构架理念,而这本质上是一个去中心化的分布式账本数据库。

区块链技术结合了密码学、经济学、社会学,通过对每个区块中的信息进行加密,保证区块中储存的信息数据不可伪造和篡改,并且无须任何第三方机构的审核，以一种去中心化和去信任的方式实现多方共同维护。

除了加密应用，区块链技术已经在物联网、AI、大数据方面有了颇多创新，而区块链最主要的五大特征发挥了不小的力量。

（1）去中心化。去中心化是区块链最突出本质的特征。区块链是通过分布式核算和存储的方式进行管理，不再依赖于第三方管理机构或硬件设施，没有中心化的管制，所有节点都具有均等的权利和义务，能够实现信息的自我验证、传递和管理。在交易过程中能有效节约资源，同时没有了第三方的介入，也提高了信息的安全性。

（2）开放性。区块链数据对所有人公开，任何人都可以通过公开的接口来查询区块链数据记录或是开发相关应用，当然交易各方的私有信息是被加密的。也正是因为这个特点，各个节点才能实现多方的共同维护，即便是某个节点出现了问题，也不影响整个网络。

（3）自治性。区块链的自治性指的是基于协商一致的规范和协议，使系统中的参与方能够完全去信任的情况下，自动安全地验证、交换数据，而不受任何人为的干预，确保区块链上每一笔交易的真实性和准确性，而这将把第三方之间的信任转化为对机器的信任，最终实现数据的自动管理。

（4）信息不可篡改。这一特性可以直接从字面意思来理解，交易信息一旦通过验证并且记录到区块链中，就会被永久保存，无法被篡改。但严格来说，也并不是完全不可篡改，除非能同时控制区块链系统中超过51%的节点，才可以操控修改网络数据。但是理论上，篡改数据的成本远远高于收益，因此区块链中的数据具有很高的安全性。

（5）匿名性。区块链上的节点和交易者都有一个用数字和字母组成的唯一的地址，用以标识自己的身份。由于节点之间的交换遵循固定的算法，数据的交换是无须信任的，因此并不需要以公开身份的方式来获取信任。除非涉及法律的规定，在区块链中的信息传递、交易可以匿名进行。

因此，具备这些特性的区块链技术可以给元宇宙带来非常大的作用，由此拉开了"元宇宙+区块链"的融合。

如今，越来越多的元宇宙案例，让我们看到了一个完全与互联网时代不同的世界。比如VR、AR、AI和大数据等。其实，很多时候，人们往往只能看到表象，而非事物的本质，元宇宙同样如此。之所以说元宇宙时代的"毛细血管"非区块链莫属。正是因为有了区块链，诸多新技术才能进行深度融合，行业内在逻辑才能发生深度改变。缺少了区块链，不仅无法实现新技术的融合，更无法实现行业内在逻辑的根本性的变革。如此，所谓的元宇宙就不再是真正意义的元宇宙，充其量也只是"互联网"的代名词而已。

区块链之所以会承担起元宇宙时代的"毛细血管"的重要作用，一个很重要的原因在于它的底层性。区块链是一种去中心化的、不可篡改的、数据共识系统，从本质上来说，区块链真正要实现的是数据、数字的传输，以及由此衍生出来的上层行业与技术的深度改变。

元宇宙确实离不开诸如大数据、云计算、人工智能、物联网等新技术，但缺少了区块链这一全新的数据传输技术，这些技术不仅无法实现深入融合，更无法成为新技术。

除此之外，区块链是一种能够将不同行业、不同业态全部囊括进来的普适性存在。这种普适性的存在，真正串联起了不同的行业和场景，真正将人们的生活方式从互联网时代带入元宇宙时代。

2. 元宇宙是区块链发展的必然

元宇宙时代，区块链不再是一个虚无缥缈的存在，而是一个具备真实的场景支撑、真实的行业支撑、真实的应用支撑的存在。有了元宇宙，区块链所描绘的世界将不再是想象中的存在，而是一个人人皆可触及的、真实的生活。

从某种意义上来讲，元宇宙是区块链发展的必然。随着区块链不断落地和应用，随着区块链与现实商业的连接，数字货币不再是区块链的唯一归宿，变成了一个微小的部分。这时，我们所说的元宇宙时代才是真正意义上的区块链时代，从这个角度来说，元宇宙确实是区块链发展的必然结果。

找到元宇宙的内在支撑，并将它与区块链联系到一起，就能重塑元宇宙与区块链之间的联系，真正找到元宇宙的正确表述方式。元宇宙有了区块链的支撑，有了区块链的承接，就不再是一个虚无缥缈的存在，而是一个有所进化、有所落地的存在。

（1）区块链为元宇宙提供身份标识。设想这样一个场景：如果在元宇宙里出现了两个"我"，该是什么感受？就好比在互联网世界里可以被轻而易举复制一样，同样两份文件很难区分哪一份是复制品，而元宇宙里不存在这样的问题，这是现阶段互联网很难实现的功能，但区块链就可以做到。

防篡改和可追溯性使得区块链天生具备了"防复制"的特点。在元宇宙里，我们的身份除了借助目前传统的身份认证体系，未来极大概率会接入区块链的身份认证体系，这意味着哪怕无须借助传统意义的身份认证，同样可以判断使用者身份，保证他人身份不会被复制或盗用。

当然，区块链提供的仅是"防复制"的功能，而不是防失窃，除了身份的防复制，还包括资产的防复制。只有保证了元宇宙里身份的唯一性，才能让人们真正在元宇宙里畅游，因为区块链技术的支持，为元宇宙提供了基础保障，让元宇宙有了真正的发展。

（2）区块链为元宇宙带来去中心化支撑。

①数据去中心化。在信息时代里，信息的传递速度变得越来越快，我们享受着科技带来的便利的同时，无形间让自己隐私暴露的可能性变得越来越高。这些被泄露的个人数据往往会被滥用，轻则影响我们的日常生活，重则影响财产安全和生命安全。元宇宙涉及许多数字资产，如果个人数据被盗用，就很可能威胁到人们的数字财产安全。因此，如何保障人们在元宇宙中的数据安全至关重要。区块链被称为价值互联网，能保证在其上的数据不会被篡改，不可伪造，数据的传递可以追溯，能传递价值和权益。如果个人数据通过区块链技术使这些数据去中心化，

就能实现数据归个人所有，任何人都不能篡改，也不能随意处置。如果有组织想要使用个人数据，需要经过本人授权，并需支付相应的授权费用。有了区块链技术的加持，未来的元宇宙才能更加贴近现实中的交互，比如：买卖双方不需要知道对方是谁，在元宇宙里产生的交易行为不会导致个人信息泄露。

②储存、计算、网络传输去中心化。区块链的去中心化技术结合一些新兴的分布式的存储、计算和网络传输技术，可以构建出元宇宙所期望的去中心化网络基础设施，让元宇宙中的数据和资产都属于个人。

③规则公开透明。元宇宙的运行规则与现实世界十分相似，会带来强烈的真实感和沉浸感。我们现实中的所有行为都在法律的保护和约束范围内，保证我们的正常生活，但是也难以避免一些中心化的情况发生，元宇宙中应用的区块链技术可以解决这个问题。区块链是去中心化且公开透明的，可以通过智能合约的方式，提前把规则用代码写好，这保证代码是公开透明的，能保证没有人能篡改规则。而规则一旦写好，便可以自动执行，触发了规则所设定的条件后，区块链里的智能合约就能按照设定执行相应的操作，这便是代码即元宇宙中规则的诠释。

（3）区块链为元宇宙提供资产支持。对元宇宙来说，可信的资产价值是非常重要的组成部分。因为在相对自由的元宇宙中不存在强中心化的机构，每个人都是自己元宇宙的主人。在这种情况下元宇宙会逐渐发展出自成体系的经济系统，并且具有独特的经济体系，需要在去中心化的前提下实现资产价值认证，而这一切都离不开区块链技术的支持。

① NFT 的价值。NFT 具有不可篡改、不可分割、不可替代且独一无二的特点，任何一件 NFT 的相关数据的更改都会体现在区块链上，并成为清晰可查的一部分。而不可替代且独一无二则表明了任一 NFT 在区块链上的表达都是可溯源的确权，就好像没有任何两片雪花是一样的，没有任何两个 NFT 可以相互替代。这一特性使 NFT 具有了一定的排他性，可以为元宇宙中的资产提供支持，具有非常重要的价值。

② 资产数字化。资产数字化也是元宇宙绕不过的一个话题，元宇宙中的资产被记录在区块链上，可以在保证资产安全的同时完成即时交互。区块链作为不可篡改的去中心化的分类账，可以满足元宇宙资产数字化的要求，从底层逻辑上看，在即时交易和可信度方面具有其他技术不能比拟的优势。

XR：让虚拟现实升级为加强版

XR 实时渲染制作系统中融合了多种技术，包括实时图形渲染引擎、跟踪系统、媒体服务器、渲染器、XR 播控软件等的结合，应用了增强现实和混合现实技术，并通过 AI 技术与 XR 技术呈现更多效果，能够带来超预期的科技变革，打通虚拟—现实生态，让人们更好地进入元宇宙探索未来数字世界。

1. XR 技术是通往元宇宙的钥匙

在元宇宙中，大量用户和企业能够以 2D 和 3D 形式探索、创建并参与各种各样的日常体验和社区及经济活动。不论元宇宙会发展成何种形态，人们都会需要终端来把物理空间和数字空间连接在一起，并把大家带入虚拟现实中。不论元宇宙未来如何发展，技术是打造各种终端的基础。

发展 XR 技术的关键是什么？空间计算对于未来元宇宙的实现非常重要，它是指现在用户在移动终端上进行的活动，包括发消息、社交、查看地图、享受流媒体娱乐、玩游戏等，未来都将以 3D 的形式映射到用户面前。XR 将改变人们与周围世界交互的方式，空间计算在 XR 交互应用中是最基础的技术。

空间计算包含了两大层面：第一个层面是用户的身体感知，比如：用户头部的自由度定位、手柄定位，以及手势、眼球、表情和腿的定位；第二个层面则是空间定位，即对环境的感知，比如 XR 眼镜通过精准计算，让用户知道桌子、地板以及周边物品的位置。基于上述两类精准计算，才能够实现把虚拟物体"放"在现实世界，并和现实世界达到完美融合。

与此同时，渲染能力支持的画面质量也会影响 XR 体验。由于移动终端对功耗的限制，很难将终端侧的渲染能力提到非常高，需要让终端侧来承担要求高速度和高精准度的用户和空间计算。同时通过利用 Wi-Fi 和 5G 网络高速率的优势，让网络端、云端完成内容生成和渲染的任务，再通过高速连接传输到终端侧，将会支持带来更具沉浸感的"无界 XR"体验。

2. 元宇宙和 XR 深度融合

智能手机的出现，串联了多点触控屏、高像素摄像头、大容量电池等单点技术，开启了激荡十几年的移动互联网时代。

目前，我们逐渐接近元宇宙的时代，算力不断提高、高速无线通信网络、云计算、区块链、虚拟引擎、XR、VR、AR、数字孪生、机器人等技术创新逐渐聚合，包括 XR 虚拟制作技术在内的科技手段将融通数字世界及物理世界或能成为接近于空间无限的开放世界，元宇宙是科技与人文的结合，是科技对人的体验和效率赋能，是技术对经济和社会的重塑。

XR 虚拟制作技术，既依靠于现实又超脱现实，承载着更多想象力和创造力，在元宇宙生态中，一方面，XR 技术会带来更多技术积累和突破，另一方面，XR 技术能带来虚拟世界与现实世界的高度融合，能够进一步提高广告、影视剧拍摄、线下活动等各行业的运转效率、运转模式及交互方式。

3. 终端设备提升用户体验

智能手机普及和随之带来的移动互联网红利之后，众多全球巨头公司在寻找下一代具有颠覆性的终端设备，并通过内容和硬件的融合来寻找创新机遇。随着元宇宙概念的崛起，头显、VR 眼镜等前端设备就具备这样的潜质。

前端设备方面，VR、AR 及智能穿戴设备，是实现让用户不断稳定接入元宇宙、获得沉浸式体验的基础。

目前热门的头显设备有 Oculus Quest、Oculus Quest2、HTC VIVE Focus Plus、华为 VR Glass、NOLO X1、Pico Neo2、爱奇艺奇遇 2Pro、创维 V901、大朋 P1Pro 等，可供不同需求的用户选择。

从设备产业链来说，硬件核心环节涉及传感器、显示屏、处理器、光学设备等。显示输出设备（外接头显、VR 眼镜、一体机）、输入反馈设备（操作控制设备、监测捕捉设备、其他配套设备）、全景拍摄设备（全景摄像机、其他辅助设备）成为 XR、VR 硬件终端的核心设备。芯片、传感器、定位器、AMOLED、嵌入式微投影、摄像头、存储器等构成 XR、VR 产业基础元器件。

从我国产业发展看，国产一体机和头显销量上升，市场份额逐渐扩大。国内企业在动作捕捉、手势识别、体感交互、眼球追踪等领域与国外领先企业差距逐渐缩小。

5G：元宇宙为5G指明演进方向

元宇宙创造的巨大想象空间，将引领新一代信息技术的迭代升级。元宇宙的技术支撑还包括 5G、GPU、云计算、AI、算力与网络等技术。

没有 5G 和各种网络通信的发展，元宇宙中无法实现畅通的连接、沉浸式的体验。5G 对元宇宙的支持并非一成不变，而是根据场景需求不断演进。从 5G 技术标准演进角度，探讨 5G 技术对元宇宙的支持。

1. 元宇宙对无线通信提出要求，是 5G 标准演进的方向

在众多对元宇宙的概念定义中，作为"元宇宙第一股"的 Roblox 公司给出了元宇宙的八大要素被业界广泛认可，即独立身份、社交好友、沉浸感、低延迟、多元化、随时随地、经济系统、文明。我们不难发现，多个要素的实现需要通信技术的进步，尤其是沉浸感、低延迟、随时随地这三个要素对无线通信网络提出了较高要求，在高性能通信网络加持下，才能提高虚拟空间中的社交、游戏、购物、办公等场景体验。

具体来说，沉浸感要求虚拟世界具备对现实世界的替代性，通过 VR、AR、MR 等设备打开虚拟世界大门，并打破虚拟和现实的屏障，让人们在元宇宙中实现沉浸式体验。沉浸感的实现需要设备性能的提高，而设备和云端或边缘之间的通信需要通过无线形式实现，也就对 5G 网络提出更高要求。

元宇宙要求高同步、低延迟，从而用户可以获得实时、流畅的完美体验，而现实和虚拟世界之间的镜像或孪生通过通信网络实现同步，这就需要 5G 技术作为支撑。

随时随地要求人们在未来能实现摆脱时空限制，随时随地进入元宇宙的愿景。要实现这一愿景，各类元宇宙终端设备不仅要具备随时随地携带的特点，还要具备随时随地接入网络的特点，这也和无线通信的发

展愿景吻合，无线通信技术要为元宇宙各类应用场景提供随时随地接入的能力。

2. 5G 标准演进，已考虑元宇宙的特殊需求

元宇宙广泛的应用场景和多样化技术融合，使 5G 标准演进中大部分内容对元宇宙形成支撑，大带宽、低时延高可靠、低功耗大连接等都是元宇宙需要的能力。

5G 标准中对 XR 的研究始于 2019 年。2019 年 12 月 9 日到 12 日，3GPP RAN 第 86 次全会在西班牙召开，3GPP 标准专家对 5G 演进标准 R17 进行了规划和布局，围绕"网络智慧化、能力精细化、业务外延化"三大方向共设立 23 个标准立项。

其中，高通牵头提出了基于 5G NR 支持 XR 的评估研究项目，是 R17 中新增的"从 0 到 1"新研究的项目。XR 指的是扩展现实，其中包括 AR、VR 和 MR，这正是元宇宙虚实融合的核心交互界面。

XR 作为新兴业务，要求在支持低时延高可靠的同时保证大带宽，这对 5G 网络提出了新的挑战，通信运营商需要联合产业寻求更多的网络优化手段，以保证运营商网络具备大规模支撑 XR 的能力。

5G 采用边缘计算让云端的计算、存储能力和内容更接近用户侧，使网络时延更低，用户体验更极致，使 AR、VR 和 MR 等技术更有效地应用。同时，得益于 5G 低时延、大带宽能力，终端侧的计算能力还可以上移到边缘云，使 VR 头盔等终端更轻量化、更省电、更低成本。

这种"轻终端+宽管道+边缘云"的模式将砍掉昂贵的终端的门

槛，摆脱有线的束缚，从而推动 XR 应用普及。5GR17 标准将评估这种"边缘云＋轻量化终端"的分布式架构，并优化网络时延、处理能力和功耗等。

3. 6G 时代，无线通信"为元宇宙而生"

元宇宙的成熟是一个长期演进的过程，与其相伴的是无线通信技术的长期演进。5G 并不能完全满足元宇宙对无线通信的需求，未来 6G 时代，无线通信将成为实现元宇宙愿景的底层数字底座。

2021 年 6 月，IMT2030（6G）推进组发布了《6G 总体愿景与潜在关键技术白皮书》，这一白皮书对 6G 的应用场景进行系统阐述，提出面向 2030 年及未来，6G 网络将助力实现真实物理世界与虚拟数字世界的深度融合，构建万物智联、数字孪生的全新世界。

6G 满足的大部分场景正是元宇宙规划的未来场景，这些场景也提出了全面超越 5G 的通信性能要求，需要 6G 技术来满足，6G 似乎成为"为元宇宙而生"的技术。

以全息通信为例，未来的全息信息传递将通过自然逼真的视觉还原，实现人、物及其周边环境的三维动态交互，极大满足人类对于人与人、人与物、人与环境之间的沟通需求。而全息通信将对信息通信系统提出更高要求。

其他场景也都对通信技术提出极高要求，比如，智慧交互要实现情感思维的互通互动，传输时延要小于 1ms，用户体验速率将大于 10Gbps，可靠性在很多情况下甚至要达到 99.99999%；数字孪生要实现物理世界的数字镜像，需要网络拥有万亿级的设备连接能力并满足亚毫秒级的时延要求，以及 Tbps 的传输速率以保证精准的建模和仿真验证的数据量要求。

面对这些要求，未来 6G 通过内生智能新型网络、增强型空口技术、新型物理维度无线传输技术、太赫兹、空天地一体化等技术，显著提高无线网络能力，这也正是未来实现元宇宙场景的核心底层技术。

3D引擎：为开发者释放大规模实时3D内容需求

3D 引擎根据能否被主流计算机即时计算出结果，分为即时 3D 引擎和离线 3D 引擎。

电脑及游戏机上的即时 3D 画面就是用即时 3D 引擎运算生成的，而电影中应用的 3D 画面则是用离线 3D 引擎来实现以假乱真的效果。

3D 引擎对物质的抽象主要分为多边形和 NURBS 两种。在即时引擎中多边形实现已经成为标准，因为任何多边形都可以被最终分解为容易计算和表示的三角形。而在离线引擎中为了追求最好的视觉效果会使用大量的 NURBS 曲线来实现多边形很难表现出的细节和灵活性。

3D 引擎作为一个名词已经存在了很多年，但即使是一些专业的引擎设计师，也很难就它的定义达成共识。通常来说，3D 引擎作为一种底层工具支持着高层的图形软件开发。

因为针对不同的用户和开发项目，3D引擎完成的功能可能有所不同，如果把3D引擎看成是对3D API的封装，对一些图形通用算法的封装，对一些底层工具的封装，就无法准确地认识3D引擎的含义和作用。因此，从功能的角度来定义3D引擎，也许能更确切地理解3D引擎的真实含义。

3D引擎最基本的功能应该包括：

1. 数据管理

这里的数据管理是一个比较广泛的定义，不同的3D引擎也许会拥有其中一个或多个功能。这些功能包括：场景管理，对象系统，序列化，数据与外部工具的交互，底层三维数据的组织和表示。其中最重要的就是场景管理功能。

相信对3D引擎有一定认识的朋友都很熟悉"场景管理"。通常它和Scene Graph同时存在于一些架构方面的资料中。由于3D引擎可能会用来管理一些庞大的3D世界，在这个世界中物体与物体之间通常存在一些相关/从属/影响与被影响关系，如何组织这些关系，并将这些关系与3D引擎的其他功能联系起来，就是场景管理需要完成的工作。

如果表达场景中物体的关联关系，通常是由场景图来实现的。通过一个一对多的树形结构已经可以满足要求，当然考虑数据层的共享和维护，允许子树进行克隆也是前期设计时需要考虑的一个方面。之后，要考虑物体之间材质的继承关系，以及动态环境如何被嵌入选择的场景图中。在一个考虑交互和触发机制的引擎中,还需要考虑物体之间如何发送消息。实际上在整个引擎中涉及的各种算法和设计,都或多或少地会和场景管理发生联系。比如:在一个实现动态光影的引擎中,物体之间如何实现相互遮挡,光源的影响范围如何在场景图上体现,都是需要考虑的问题。

2. 合理的渲染器

之所以要说是合理的渲染器,是因为一个引擎的渲染能力是由多方面决定的。比如:一款以实时游戏作为目标的游戏,会选择基于光栅化的渲染算法。在这种设计前提下,几何体一级的数据不会过于详细,比如:即使你在设计初期就考虑物体表面的 BRDF、折射率、纹理坐标空间的变化率、切线空间的变化率等数据需求,并将它们表现在了 Render 中,也不会有任何意义。

3. 交互能力

简单地说,就是开发工具。任何一款 3D 引擎,如果没有开发工具,都是不完整的。这些开发工具可能是一些文件转换器、场景编辑器、脚本编辑器、粒子编辑器……

有了上面三种功能,就可以称为 3D 引擎了。当然,如果要开发一款功能强大的引擎,还要具备其他功能。

第五章
硬核驱动：元宇宙价值链的构成

体验层：让之前不曾普及的体验形式变得触手可及

元宇宙中的体验并不是简单的立体空间中的沉浸感，而是将人类生活场景的方方面面映射进数字世界。当物理世界数字化后，体验可以变得更丰富。元宇宙可以帮助人类拓展边界，在虚拟世界中获得在现实世界中无法拥有的体验。

元宇宙也可以帮助用户成为内容的创造者：内容会从人与人、人与物、人与空间的互动中产生并拓展，用户在体验及消费内容的同时，也可以参与内容的创作。元宇宙中，体验的"沉浸感"不仅指数字世界对现实世界的高度复制和映射，更指元宇宙能极大地提高人对事物及活动的体验感，激发更多的内容创作。

许多人认为，元宇宙是围绕我们的 3D 世界空间，但元宇宙不是 3D、2D，更不是图形形式的。元宇宙是关于物理空间、距离和物体不可阻挡的非物质化，包括 3D 游戏，比如：游戏机上的 Fortnite、虚拟现实耳机中的 Beat Saber 和计算机上的 Roblox。元宇宙甚至还包括厨房中的 Alexa、虚拟办公室中的 Zoom、手机上的 Clubhouse 和家庭健身房中的

第五章 硬核驱动：元宇宙价值链的构成

Peloton。

物理空间被非物质化，会发生什么？以前稀缺的体验可能变得丰富，比较形象的就是游戏。游戏向我们展示了前进的道路：在游戏中，你可以成为一名摇滚明星、一名绝地武士、一名赛车手，或者任何你能想象到的东西。

想象一下：当你把这一点应用于更熟悉的体验时，会发生什么？

首先，现实世界中的音乐会，座位的位置不同会带来不同的视听感受，而好位置是有限的；而虚拟世界中的音乐会，可以在每个人周围产生一个个性化的音乐会平面，在这个平面中，总能享受到最好的座位。

其次，游戏将融入更多的现场娱乐活动，比如：在《堡垒之夜》、Roblox 和 Rec Room 等游戏中出现的音乐会和沉浸式剧院。

最后，电竞和在线社区将被社交娱乐增强。同时，传统行业，如旅游、教育和现场表演等会围绕游戏思维和丰富的虚拟经济得到重塑。

这里，涉及"内容社交复合体"的概念。过去，客户只是内容的消费者；如今，他们既是内容的创造者，更是内容的放大者。过去，提到博客评论或上传视频等平凡的功能时，有"用户生成的内容"的概念；现在，内容不仅由人们生成，还激发了互动。在未来，当人们谈论"沉浸"时，不仅会指沉浸在图形空间或故事世界中，还会指代社交沉浸感以及它如何激发互动和推动内容。

【典型案例：腾讯】

对于元宇宙的理念，腾讯有非常超前和深刻的认识。腾讯的创始人马化腾是中国首个提出"全真互联网"概念的企业家。在腾讯2020年度特刊《三观》中,马化腾明确提出了这个概念:"一个令人兴奋的机会正在到来,移动互联网经过十年发展,即将迎来下一波升级,我们称为全真互联网。随着VR等新技术、新的硬件和软件在各种不同场景的推动,我相信又一场大洗牌即将开始。就像移动互联网转型一样,上不了船的人将逐渐落伍。"

可以发现,马化腾提出的"全真互联网"的重点就在于"全""真"二字,"全"代表着全面,而"真"就是真实。全真互联网的愿景就是让互联网进一步融入和服务现实社会,让互联网全面地、无所不包地融入现实。而以今天的眼光来说,这种结合的趋势就是元宇宙的雏形。

除了理念方面,腾讯具备搭建元宇宙的基础条件,目前他们的策略是:通过"资本(收购和投资)+流量(社交平台)"的组合方式,探索和开发元宇宙。

目前,腾讯重点在底层架构、后端基建和内容与场景等研究框架上进行不同的布局。

1. 底层架构

XR是元宇宙世界的第一入口,目前腾讯还没有直接布局XR硬件,但通过投资XR领域的高精尖公司Epic Games、Snap,分别在VR和AR领域占据了非常有利的地位。

比如:腾讯使用以Epic Games开发的虚幻引擎为代表的系列开发工具,帮助开发者来渲染构建整个虚拟世界。虚幻引擎是一款实时引擎与编辑器，具备照片级逼真的渲染功能、动态物理效果、栩栩如生的动画、稳健的数据转换接口等。

虚幻引擎是一个开放且可扩展的平台，通过一条统一的内容管线，开发者就能将自己的内容发布到所有主流平台，还可以使用像素流送功能，将交互式内容发送到带有网页浏览器的设备上。

虚幻引擎是一套完整的开发工具，面向使用实时技术工作的所有用户，不仅可以制作 PC、主机、移动设备和 VR/AR 平台上的高品质游戏，还可以应用于建筑施工、电影制作和传统制造等行业。

虚幻引擎历经多次迭代，具有强大的实时细节渲染能力，游戏画面更加逼真，效果十分接近真实物理世界，被业内称为真正的"次时代引擎"。

2. 后端基建

腾讯收购的公司 Snap，致力于推动 AR 商业化进程，随着各行各业 AR 应用的普及，基于手机的 AR 生态已经慢慢成形，目前正努力寻找 AR 的下一个发展方向。

目前，AR 生态的培养期已经接近尾声，下一场 AR 终端的争夺战马上就要到来。Snap 作为行业先行者，在相继收购 Wave Optics 和发布 Spectacles AR 眼镜后，也顺利进入全新的发展阶段。目前，该公司在 AR 领域的布局基本上是：巩固 AR 营销的阶段性成果，继续加码布局 AR 终端迭代。

在后端基建的布局，腾讯主要面向 C 端打造全周期云游戏行业解决方案，为用户提供云游戏平台与生态。目前，腾讯云游戏已经在云游戏技术开发的基础上，引入了第三方游戏内容；借助应用宝等渠道，建立了云游戏平台与云游戏解决方案的双重路径。腾讯建立了四个团队，从四个不同的方向进行探索，重点推出了以下四个项目：

（1）Start。腾讯旗下端游／主机方向的云游戏服务，覆盖多终端场景，可以很好地应对玩家硬件不足的痛点及移动化的游戏需求，为游戏业务提供了更多元的运营能力与场景，上线产品包括：《堡垒之夜》《原神》《英雄联盟》《波西亚时光》等知名游戏，获得了不错的口碑与数据。

（2）Tencent Gamematrix。腾讯的云游戏解决方案发起者，旨在打造云游戏技术平台，探索游戏业务分发和运营新场景、跨平台游戏体验，为第三方平台提供多端云游戏技术方案。其致力于移动云游戏业务，具备储备PC云游戏技术能力，代表产品包括腾讯先游。

（3）腾讯即玩。可以为腾讯游戏内部业务提供移动云游戏技术支持，成功推出了《龙族幻想》云创角项目；此外，还联合企鹅电竞推出了直播互动活动，协助《王者荣耀》在应用宝平台推出了新英雄试玩体验，实现玩家即点即玩。

（4）腾讯云游戏。该游戏依靠腾讯云，采用腾讯云深度优化的视频传输技术，是国内首个实现无需定制SDK即可"全段介入、无缝更新"，可以为全球游戏厂商、平台和游戏开发者提供一站式解决方案。

3. 内容场景

内容与场景是腾讯一直以来的优势领域。

（1）社交方面。微信和QQ覆盖了中国大多数网络用户，腾讯还积极探索社区社交、直播社交和短视频社交等新兴社交方式，布局微信与QQ覆盖不到的细分领域。

（2）游戏方面。腾讯除自有游戏团队以外，还进行了一系列全球化的外延投资和收购，已经成为全球最大的游戏公司。

（3）娱乐内容方面。腾讯集团旗下的阅文集团是大型的正版数字阅读平台和文学IP培育平台，腾讯视频、腾讯影业分别是国内头部的流媒体平台、影视内容制作与发行平台。

除了社交游戏等C端场景，腾讯在B端的布局也逐渐明朗化，在包括智慧零售和企业服务领域也进行了很多布局。

在智慧零售方面，腾讯通过支付方式和其他购物科技的形式，将数字和实体零售紧密连在一起。

在企业服务方面，腾讯紧紧抓住企业数字化浪潮，以"云服务"为抓手，上线了腾讯会议、腾讯文档和腾讯小程序等，提高了通信与办公效率，实现了内部客户与外部用户的合作。

发现层：聚焦于把人们吸引到元宇宙的方式

发现层，可以让元宇宙构造创作者经济生态，未来人们极有可能在这一层产业中获得丰厚的利润，实现"边玩边赚"。

互联网时代，利用网络流量生产内容进行营销是一种高效的变现模式，移动互联网时代滋生的诸多自媒体都是依靠这种形式来赚取利润的。而在元宇宙时代，以生产、贩卖及消费内容为主的生态将会更加便捷和普遍。人们可以将自己创造的内容或产品数字化，用自己的创意获取利润。

发现层是一个庞大的生态系统，也是许多企业最赚钱的生态系统之一。从广义上讲，多数发现系统可以分为入站系统和出站系统。

入站系统，主要包括：实时状态、社区驱动的内容、搜索引擎、赢得媒体、App、应用商店、策展等。

出站系统，主要包括：展示广告、通知、垃圾邮箱等。

互联网用户对以上大部分内容都很熟悉，这里我们主要说一下社区驱动。

社区驱动的内容是比多数营销形式更具成本效益的发现方式。当人们真正关心自己参与的内容或事件时,就将这个信息传播开来。随着内容在元空间背景下变得更容易交换、交易和分享,内容本身也将成为一种营销资产。

作为一种发现的手段,内容市场很可能会成为应用市场的替代品,比如,不论是喜欢还是讨厌它,它都能相对容易地被提供给去中心化交易平台,有利于创造者和社区更直接接触。

社区驱动具有实时存在特征,与其关注人们喜欢什么,不如关注人们实际在做什么,这在元宇宙中非常重要。在元宇宙中,很多价值都来自共享经验或和朋友互动。

正如我们正在使物理现实非物质化一样,元宇宙正在使社会结构数字化。互联网的早期阶段是由社交媒体围绕几个整体提供商的"黏性"定义的,去中心化的身份生态系统可能会将权力转移给社会群体本身,使他们能够在集体体验中顺畅地移动。

【典型案例:欧莱雅】

科技与时尚,结盟已久。作为国际时尚巨头,欧莱雅一直崇尚新技术,坚持创新,并致力于以最顶尖的科研成果服务消费者。基于深厚的科技底蕴,欧莱雅总能抢先嗅得市场新趋势,引领行业。

当前,时尚行业的消费路径、消费习惯正在发生着巨变。对虚拟世界更为依赖的互联网时代成长起来的年轻人,逐渐成长为中坚消费力量。为拉近与年轻人的距离,欧莱雅在 51Meet 空间中举办了一场别开生面的元宇宙活动。在元宇宙空间中,欧莱雅以丰富立体的呈现形式,向员工和外界展示了25年来其在中国的品牌蜕变之路，并传递了始终如一对美保持激情的价值观。

2022年2月，欧莱雅集团提交了17项与元宇宙相关的商标申请，分布于NFT、虚拟香水、化妆品和虚拟人造型领域。在现阶段，集团将把元宇宙探索重点放在品牌与艺术家、社群和元宇宙专家的积极互动的领域。同时，这艘"美妆巨船"也正发挥其平台和全球视野的优势，与诸多全球领先"元宇宙"创新企业合作，搭建多元生态体系，包括全球领先的NFT点对点交易平台OpenSea中推动多元化和代表性的创意实验室People of Crypto。

1.Viktor&Rolf的沉浸式香氛体验

Viktor&Rolf（维克多与罗夫）香氛曾于2022年7月与DFS合作，在海口开设了快闪店，通过沉浸式和颠覆性的体验向消费者介绍他们的标志性香氛。品牌曾在海口观澜湖免税店的快闪店与代言人一起进行直播活动，现场介绍了品牌的Flowerbomb和Spicebomb香水，并为消费者提供了独特的虚拟体验。消费者可以通过其数字化虚拟人物体验AR虚拟试衣室。

Viktor&Rolf还首次邀请CallmeVila、IamReddi、AliCE等虚拟偶像来到海南，展示了虚拟世界与线下快闪店的无缝融合。Viktor&Rolf品牌的抖音挑战打破了纪录，吸引了超过42000名参与者和1.26亿次形象展示。

2.兰蔻在虚拟世界中的快闪

兰蔻与领先的免税零售商国药中服合作，开设了一个庆祝旅行体验的体验式快闪店,在三亚传播旅游精神,激励消费者在 2022 年"体验旅行带来的难忘幸福"。

兰蔻创造了一个全新的虚拟世界,让消费者仿佛置身于现实生活中,这种独一无二的虚拟沉浸式体验再现了实体快闪店的完整体验……两位虚拟偶像 Ling 和 Angie 也加入了这次活动,消费者与这两位朋友一起在海南这个热带旅游胜地旅行,分享他们在国药中服快闪店的经验,以激励更多的旅行者参与其中。

除了通过兰蔻的皮肤检测仪体验深入的皮肤检测分析,以及在旅程的三个阶段("旅行前""旅行中"和"目的地")了解该品牌的标志性产品,消费者还可以通过 360 度 LED 屏幕获得身临其境的荡秋千体验,更好地体验新产品——Idole 香水。

在快闪店中,消费者被要求使用交互式 LED 屏幕选择他们的旅行出发地,该屏幕会计算每个消费者到三亚旅行的距离,以及由此产生的二氧化碳排放量。为此品牌与海口绿涯青年公益发展中心一起,在万宁市日月湾海滩的 23 英亩土地上种植了 3000 棵海岸橡树,以抵消消费者的碳足迹。作为品牌专注于创造以目的为导向的体验的一部分,为线上、线下的元世界体验赋予了更大的意义。

创作者经济层：相关创作者数量指数级增长

创作者经济兴起于互联网，随着互联网数字化时代的高速发展，创作者经济成了当下的"财富密码"。

1. 什么是创作者经济

创作者经济是当下互联网时代的一种全新经济模式。在该模式下，独立的内容创作者更有独立性，不再受制于公司或平台，通过去中心化的平台或社区等渠道发布自己的原创内容并获取收益。

此前，博客、微博、微信等平台的出现，让使用者只要想就可以成为创作者，创作者凭借优质内容吸引粉丝、获得收入，不但更有独立性，也能通过直播和抖音等互动形式，创造出黏着度更高的社群，在此过程中，体现的是Web2.0创作者经济。

所谓Web3.0创作者经济，就是指元宇宙产业链中，与创作者直接相关联，由创作者驱动的产业链层级。相较于Web2.0创作者经济有四方面的优势：创作者拥有对内容的控制权、原创内容保护、筛选优质内容、提升创作收益。这意味着创作者已不纯然是作品的拥有者，真正赋予作品价值的是粉丝的参与，不仅交易平台能得到利益，艺术家与收藏家也成为新的受益者。

从产业角度看，创作者经济和空间计算的代表性企业，如 Adobe、3D 设计引擎 Unity、图形处理器厂商英伟达等也将获得增长红利。这些企业是元宇宙世界的"卖水者"，也是元宇宙市场中的买方。

在虚拟数字信息高度发展的数字化浪潮中，创作者的身份崛起，已经成为一种崭新的职业选择。业内人士认为："元宇宙建设的过程中，除基础系统支撑和持续的技术升级外，还需要更多的创作者，通过更智能化的软件与工具去创造海量的创意内容。在不久的未来，在元宇宙业态内创新创作会成为很多人赖以为生的工作。"

创作者经济是构成元宇宙产业链的关键要素，而互联网进化及 NFT 平台兴起将进一步推动创作者经济的繁荣。创作者经济时代下，内容创意工具和创意资源将对创作者产生积极影响，而标杆性的企业有望通过差异化定位赋能创作者，助力创作者创收变现，从而迎来企业的高速发展。

2. 创作者的数量呈指数级增长

创造者经济的发展可以分为先锋时代、工程时代、创作者时代。

先锋时代，第一批为某项技术创造体验的人没有可用的工具，从头开始建立一切。第一个网站是直接用 HTML 编码的，人们完善了电子商务网站的购物车功能，程序员为游戏直接编写图形软件。

工程时代，创意市场取得早期成功后，团队人数激增。从头开始构建的方式速度慢、成本高，工作流程也更复杂，无法满足需求。市场上出现了一些可用的工具，工程师可以利用 SDK 和中间件节省时间，从而减轻过载的工程师负担。比如：Ruby on Rails 使开发人员可以更轻松地创建数据驱动的网站。在游戏中，OpenGL 和 DirectX 等图形库的出现，为程序员提供了渲染 3D 图形的能力，却不用了解很多低级编码。

创作者时代，设计师和创作者不希望编码瓶颈拖慢他们的速度，程序员和工程师更愿意将他们的能力用在提升项目的独特性方面。这个时代，创作者数量的指数式增长。创作者获得了工具、模板和内容市场，将系统应用开发重新定位为自上而下、以创意为中心的过程。

今天，即使没有相关的代码知识，仅用几分钟就能在 Shopify 中启动一个电子商务网站。网站可以在 Wix 或 Squarespace 中创建和维护。可以在 Unity 和 Unreal 等游戏引擎中打造 3D 图形体验，无须触及较低级别的渲染 API。

到目前为止，元宇宙中创作者驱动的体验都围绕集中管理的平台，如 Roblox、Rec Room 和 Manticore。这些平台拥有一整套集成的工具、发现、社交网络和货币化功能，已经让人们有能力为他人提供体验。

创作者经济层包含了实现元宇宙生态及面貌所需要的要素。如今，在各行各业已经初见创作者经济的样貌。各种引擎和平台的搭建，使不会代码的创作者也可以在数字世界中进行创作。比如：人们可以在 Wix 上创建自己的个人网站，不用掌握 HTML 和 Java Script 的语法；不用掌握任何代码，就能在 Tableau 上实现高级可视化图形。

为工程师设计的各种平台和软件，可以帮助他们更高效地完成工作。

平台提供整套集成工具，每个人都有机会创作并分享自己的内容。加密货币的发展，保证了创作者可以将内容变现，进而激励更多人参与创作。元宇宙的体验会变得越来越具有沉浸感、社交性和实时性，创作者的数量也呈指数级增长。

在元宇宙的催化下，特效师、动画设计师、艺术人员、产品经理、研发工程师等元宇宙的"主力开发人群"在就业市场上备受欢迎，相关创作者的数量也会大幅增长。

【典型案例：Roblox】

说起创作者经济，不得不提被称为"元宇宙第一股"的Roblox。

Roblox，是一个结合游戏和社交媒体的平台。独特之处在于，这家游戏公司不从事制作游戏的业务，它只是为用户提供制作他们自己独特作品的工具和平台。作为开发者，可以为各种物品和游戏体验收取费用。这也就是Roblox创始人所强调的打造元宇宙的概念，超越了游戏这一单纯娱乐维度的体验。

Roblox支持端到端的工具、服务和支持，帮助用户打造身临其境的3D体验。借助Roblox Studio，创作者可以免费获得所需的一切，以构建他们的体验并立即在所有流行平台上发布。

1. 生成AI对创造者的价值

Roblox体验是通过组合各种形式的3D对象（构造性立体几何、化身、网格、地形等）创建的，通过Lua脚本在行为上相互连接，并由在平台上提供核心行为的通用物理引擎提供支持。

生成式AI工具适用于不同的创作过程。通过内部原型，Roblox已经发现专门的生成式AI工具不仅可以提高创作者的生产力，而且可以显著降低将创意变为现实所需的技术技能。

例如，一些创作者知道如何编写代码，但在创建高保真3D模型方面可能经验有限，其他人可能在模型设计方面更有经验，但在代码方面经验较少。在这两种情况下，双方都可以在他们通过Roblox体验将想象力变为现实时获得领先优势。

更强大的是，生成AI支持的媒体融合将使创作者能够开发具有内置行为的集成3D对象。例如，创作者可以通过简单的陈述来设计汽车样式，例如"红色，两人座，敞篷，前轮驱动的跑车"。这个新创造物既像一辆红色跑车，又能将所有行为编码到其中，以便能够在3D虚拟世界中驾驶。

这项工作涉及独特的技术挑战，因为Roblox要解决使用事件处理程序、动画装备和物理属性生成3D模型的能力。这项工作是前所未有的，因为制作交互式内容需要对生成的对象有更深入的了解。凭借广泛的沉浸式内容场景，Roblox能同时为所有类型的内容创建生成模型——图像、代码、3D模型、音频、头像创建等。

2. 每个人都能成为创造者

Roblox正在构建一个平台，让每个用户都能成为创作者——而不仅是那些熟悉Roblox Studio和其他3D内容创作工具的用户。Roblox中的许多体验将成为创造体验，用户可以创造一件新衬衫、帽子、整个头像;一栋房子甚至整个体验——所有这些都来自另一种体验。这一愿景需要一组比以往的工具更容易为典型用户使用的工具——例如可通过语音和文本或基于触摸的手势实现操作,而不是复杂的鼠标和键盘。生成式 AI 工具有助于让用户的创作变得直观和自然,并直接嵌入体验中,让任何一位用户都可以创建能在整个平台上共享的独特内容。

同时,AI 社区本身也是 Roblox 平台带给创造者的巨大机会。通过使第三方 AI 创作服务直接插入 Roblox(可能作为一种创作体验),Roblox 提供了一种机制——将独特的创作直接提供给 Roblox 用户。例如,如果您开发一个 AI 模型,在这个 AI 模型的帮助下,用户根据文本提示、图形队列和照片示例的组合构建最具表现力的超级英雄角色,您能够直接向那些想要超级英雄头像的 Roblox 用户提供这种功能。Roblox 将社区设想为生成式 AI 的力量倍增器,创建一个创作者和用户可以利用更有效地创建内容和工具的生态系统。

空间计算层:消除真实世界和虚拟世界之间的障碍

元宇宙受到了广泛关注,但元宇宙的概念非常复杂,并无定论,还在不断探索中。从技术上来看,元宇宙所需的技术众多,其中空间计算是一项非常重要的底层技术，那么空间计算能为元宇宙带来什么呢？

空间计算是实现元宇宙世界与现实世界无缝切换的关键技术。

空间计算指的是利用空间原则优化分布式计算性能的计算模式。空间原则主导着科学参数之间的时间与空间交互，其关联和驱动着物理现象的演化，因此，空间计算的研究可以推动空间原则在物理现象模拟过程中的应用，并进一步推动现代科学的进步。目前，元宇宙离实现还有一段距离，但是空间计算却已经在技术变革的道路上了。

空间计算技术可以无缝地混合数字世界和现实世界，让两个世界可以相互感知、理解和交互。具体来说，空间计算是"人与机器的交互，在交互过程中机器保有真实物品与空间的信息并以此作为参照进行操控"。空间计算强调的是机器对于实体的环境空间与物品存在感知的一种运算程序，与脱离现实世界的计算机程序运算有差异。所以说空间计算提出了混合真实/虚拟计算，它消除了真实世界和虚拟世界之间的障碍

空间计算让人类创造并进入虚拟的 3D 空间成为可能，在 3D 引擎技术、生物识别技术、地理空间映射技术、用户交互技术及 AI 和大数据技术等共同作用下，人们可以随时随地进入元宇宙世界。空间计算技术也是实现元宇宙世界的技术难点。

当我们在元宇宙当中，就相当于处在一个全真的虚拟世界，我们所看到的、所感知到的桌椅板凳、马路标识的距离信息等都由空间计算得出。当我们与虚拟世界交互时，例如，拿起桌子上的一个苹果，那么我

们所感知的距离和我们伸手拿的距离必须一致。要真正实现内容交互，空间计算还要结合追踪技术、传感器技术、计算机视觉、增强现实技术等。

总而言之，空间计算是实现元宇宙非常重要的技术。

元宇宙是一个"空间互联网"，它能够连接真实世界和虚拟世界，并打造个性化的数字体验，让人和万物都能够在其中无缝地沟通和交互。人们将通过智能手机、电脑、AR、VR 终端等计算终端，进入全方位反映现实生活的元宇宙。

【典型案例：高通】

高通不仅在高端移动芯片市场显示出统治地位，在 XR 领域也堪称"一枝独秀"。热销产品如 Meta Quest 2、HoloLens 2、Pico Neo 3、奇遇 Dream 和 NOLO Sonic 等均离不开高通的支持，这为高通在"元宇宙"来临前夕打下了坚实的基础。

其实，高通在"元宇宙"的布局也不止硬件平台，而是通过打造一个全方位的生态体系，帮助"元宇宙"从概念走向落地，其中最重要的，莫过于内容以及开发者相关的生态建设。

1.1 亿美元骁龙元宇宙基金，助力开启下一代空间计算

"元宇宙"想要落地，需要软硬件协同一体的努力。高通在芯片领域的布局由来已久，无论是骁龙 XR1、骁龙 XR2 还是与之相对应的参考设计，对于提升 XR 行业整体的硬件水准都起到了良好的推动作用。在打造骁龙平台的"元宇宙软实力"方面，高通也在进行重点布局。

例如，高通推出了 Snapdragon Spaces XR 开发者平台。Snapdragon Spaces XR 开发者平台是专门针对头戴式 AR 设备推出的开发者平台，通过高通多年来的创新和技术专长，Snapdragon Spaces 能够提供专为下一代高性能、低功耗 AR 眼镜而优化的、稳健的机器感知技术。

根据高通公布的资料，Snapdragon Spaces 平台能够提供环境和用户理解功能，为开发者带来用于打造可感知用户并能与用户智能互动、适应用户所在室内物理空间的头戴式 AR 体验的工具。一些主要环境理解特性包括：空间映射与空间网格、遮挡、平面探测、物体与图像识别和追踪、本地锚点及其持久性以及场景理解。具备用户理解能力的机器感知特性包括定位追踪和手势识别。值得一提的是，Snapdragon Spaces 还是首个符合 OpenXR runtime 并针对与智能手机相连这一形式进行了优化的头戴式 AR 平台，解决智能手机与 AR 眼镜间互联互通的问题，增强 AR 眼镜的泛用性，盘活整个 AR 生态。

除了帮助开发者跨过 XR 底层能力研发的高门槛，高通也在抢先布局相关 XR 体验开发者，通过打造一个繁荣的内容生态来为其逐浪元宇宙的规划保驾护航。

2022 年 3 月 21 日，高通公司宣布设立总金额高达 1 亿美元的骁龙元宇宙基金，用于投资打造独特沉浸式 XR 体验、相关核心 AR 技术和相关 AI 技术的开发者和企业。该基金计划通过组合的方式部署资本，包括高通创投对领先 XR 公司的风险投资，以及高通技术公司开发者生态系统资助项目，该项目面向游戏、健康、媒体、娱乐、教育和企业级解决方案等 XR 体验开发者。

高通公司总裁兼 CEO 安蒙表示:"我们提供的开创性平台技术和体验,将助力消费者和企业级客户打造并融入元宇宙,使真实世界和数字世界相连接。高通是通往元宇宙的钥匙。在进入下一代空间计算之际,我们期待通过骁龙元宇宙基金赋能开发者和不同规模的企业创造更多可能。"

1 亿美元的骁龙元宇宙基金对于中小型的团队来说将有望成为其发展的强力助推器,对于一些较为成熟的行业——例如游戏行业,高通还有一套"组合拳",用于为元宇宙引入实力强劲的顶级游戏开发团队。

2. 联手 SE,打造头戴式 XR 游戏顶级体验

在游戏圈子里,史克威尔艾尼克斯(Square Enix,SE)称得上是家喻户晓的存在,日本两大国民角色扮演游戏——《勇者斗恶龙》和《最终幻想》均出自 SE 之手,塑造出了无数深入人心的游戏角色。

作为全球顶尖的 3A 大作游戏发行商,SE 对于探索 VR/AR 这类全新的游戏平台一直充满了热情。2021 年 3 月,SE 宣布将与 Taito 合作制作经典游戏《太空侵略者》的 AR 版本,引起了不少的讨论。此前,SE 在 2017 年为 PlayStation VR 推出了《最终幻想 15:深海怪物》钓鱼体验,也探索过针对 VR 线下体验店推出 "最终幻想 XR Ride" 等体验内容。2022 年 3 月 21 日,高通宣布与 SE 合作,助力 SE 遍布全球的领先开发工作室和知识产权网络打造 XR 体验。SE 先进技术部将借助 Snapdragon Spaces XR 开发者平台,与高通技术公司携手开辟新道路,突

破沉浸式游戏体验的边界。通过这款开发者平台提供的基础能力，SE 将可以更聚焦于游戏和内容本身的开发，而无须再过多关注一些 AR 底层功能的开发，从而缩短开发周期、提高内容的产出速度。

SE 技术总监 Ben Taylor 表示："史克威尔艾尼克斯始终致力于使用顶尖游戏技术突破叙事的边界，为粉丝带来难忘体验。我们已在 XR 领域展开持续投入，十分期待利用 Snapdragon Spaces 打造 XR 体验。特别是现在，我们认为是时候利用 XR 对我们闻名已久的经典游戏进行创新。我们期待与全世界分享这些游戏，进一步履行公司使命，为世界人民的幸福做贡献。"

3. Snapdragon Spaces 在游戏领域的布局远不止史克威尔艾尼克斯

"Qualcomm XR 创新应用挑战赛"是高通公司面向 XR 行业应用开发公司和团队打造的创作交流平台，旨在联合 XR 产业生态链，整合硬件厂商、开发者生态以及渠道发行等资源，鼓励开发者社区为中国市场创作出更加丰富多样的高质量 XR 软件应用产品，推动 XR 产业的发展。

去中心化层：单个实体创造者自己掌控数据和创作的所有权

去中心化是一种现象或结构，必须在拥有众多节点的系统中或在拥有众多个体的群中才能出现或存在。节点与节点之间的影响，会通过网络形成非线性因果关系，呈现出开放式、扁平化、平等性的系统现象或结构。

其实，"去中心化"这个词是在加密经济学中常见的一个词之一，通常被视为区块链的特点。投入数千小时研究和数十亿美元资金的哈希算力都被用来试图实现去中心化，并保护和提高去中心化的程度。当人们讨论协议并变得开始激烈时，常见的情况是，一个协议（扩展协议）的支持者会声称对方的协议提案是"中心化"的，并以此作为最后击倒对方推理的论据。

但是，"去中心化"这个词到底意味着什么？去中心化是元宇宙生态的核心，可以使真正的创作者经济发展壮大，创作的所有权不属于某一组织或平台，而是属于每一个参与者，从而实现元宇宙的共创、共享和共治。目前，区块链及边缘计算是实现去中心化的关键技术。边缘计算是提高算力的关键，可以高效处理元宇宙世界产生的庞大的数据量。

元宇宙的理想架构是实现单个实体控制。当可供用户选择的选项增多，各个系统兼容性改善，且基于具有竞争力的市场时，相关的实验开展规模及增长会显著增加，而创造者则会自己掌控数据和创作的所有权。

去中心化最简单的示例就是域名系统（DNS），该系统将个人IP地址映射到名称，用户不必每次想上网时都输入数字。

分布式计算和微服务为开发人员提供了一个可扩展的生态系统，让他们可以利用在线功能，从商务系统到特定领域人工智能再到各种游戏系统，都无须专注于构建或集成后端功能。

区块链技术将金融资产从集中控制和托管中解放出来。随着针对游戏和元宇宙体验所需的微交易类型优化的NFT和区块链的出现，必然会围绕去中心化市场和游戏资产应用程序引发创新浪潮。

【典型案例：Decentraland】

Decentraland是元宇宙去中心化的先行者，并通过DAO进行管理，这使它与行业中一些流行的竞品不同，是一个实打实的革命性产品。

Decentraland由阿根廷人Ari Meilich和Esteban Ordano创建，自2015年开发，在2017年筹集了2500万美元，承诺建立第一个基于区块链的元宇宙。

Decentraland基于以太坊构建，是由用户共同拥有并构建的虚拟世界平台。它是一个为用户们提供一个创建个人形象、与其他用户互动社交、参与音乐会或艺术表演等娱乐活动，并在数字土地上建造房屋等活动的地方。简单来说，Decentraland 就像是一个升级版的《我的世界》。在这里，用户可以随意探索，还能够通过以太坊区块链平台购买数字土地，成为这片土地的拥有者，拥有对数字土地的所有权，并且可以在数字领地上创造出独一无二的使用体验。

通过与数字钱包简单的交互，用户便可以进入游戏，根据自己的喜好创建出在游戏里的人物。玩家可以在 Decentraland 中自由走动并与其他玩家互动、交谈和观展。虽然目前 Decentraland 的场景和用户体验远远算不上精细，甚至连流畅都达不到，但这不妨碍它未来巨大的想象空间。

1. Decentraland 的特征

Decentraland 拥有虚拟世界类应用的特征，但与普通的互联网虚拟世界不同的是，它将这一切搬上了区块链。

用户可以在 Decentraland 的主体世界里参观其他玩家拥有的数字建筑、参与位于各建筑内的活动与游戏、触发一些特殊剧情（捡到收藏品等）、和其他偶遇的玩家通过语音或文字对话，操纵自己的 Avatar 在这个虚拟世界里尽情畅游。

而且，用户还可以发挥创造力，通过 Decentraland 提供的制作器创建属于自己的数字建筑，把它置于自己的世界里或对外销售。此外，用户也可以前往市场中购买现成的数字建筑、装备等应用内物品。

区块链的应用不仅使得 Decentraland 中的一切产权和交易行为都有迹可循，也使用户能够通过集体投票成为其真正的主人和治理者。

事实上，Decentraland 也确实成为去中心化金融领域采用去中心化自组织社区治理模式的项目。

2. Decentraland 的价值观

传统互联网时代，大型社交平台如抖音等，让数以亿计的用户汇集聚集、互动、分享内容和游戏娱乐。网络效应让他们培养庞大的社群，这些平台由中心化组织控制、管理网络的规则和内容流，同时从推动了平台流量的社区和内容创作者那里提取了大量的收入，而大部分真正在进行创造和创新的创作者却很难从中受益。

相比之下，Decentraland 由去中心化组织管理，而去中心化组织的创建是为了将权力归还给使用数字平台的用户。去中心化组织参与者可以参与平台上规则的创建及策略的制定，以确定 Decentraland 运行各个方面的策略，包括物品出售、内容审核、数字土地政策、拍卖机制等。这些机制充分保障了创作者良好的体验。

Decentraland 的目标是去中心化，让其内容创作者拥有并获得他们贡献的价值。创作者在 Dencentraland 上创造的数字土地可以被自由出售和交易。对于创作者来说，Decentraland 很大部分价值在于其对数字土地的拥有权和控制权。没有限制代表了用户可以在数字土地的建设上异想天开，建设游乐园、公司、购物场或者在水陆空的世界自由地穿梭。也因为明确的所有权，用户可以在数字领地上创造出独一无二的专属体验，并且可以将为其他用户提供的价值与收益保存下来。

3. Decentraland 的经济模型

Decentraland 采用 ERC-20 格式的代币——MANA。用户可以通过 MANA 购买 Decentraland 中最重要的资产——数字土地,以及其他出现在这个世界里的商品及服务。

数字土地是 Decentraland 内的 3D 虚拟空间,一种以太坊智能合约控制的非同质化(ERC-721)数字资产。数字土地被分割成地块,并用笛卡尔坐标 (x, y) 区分,每个土地代币包括其坐标、所有者等信息。

每个地块的占地面积为 16m×16m(或 52ft×52ft),其高度与土地所处地形有关。地块永久性归社区成员所有,可以用 MANA 购买。用户可以在自己的地块上建立从静态 3D 场景到交互式的应用或游戏。

一些地块被进一步组织成主题社区或小区,通过这种方式,可以创建具有共同兴趣和用途的共享空间。Decentraland 作为以太坊上最先发展起来的元宇宙类游戏之一,拥有良好的先动优势。

宏大和开放是元宇宙的优点。正是因为这份"宏大",Decentraland 能够为各类用户都提供在这个世界里体验、创建的空间,每个用户都能在这里找到自己的位置。

4. Decentraland 如何运作

Decentraland 里有一个应用程序跟踪数字土地地块。该应用程序利用以太坊区块链技术来跟踪这片数字土地的所有权,并要求用户将其 MANA 代币保存在以太坊钱包中。开发人员可以自由地在 Decentraland 的平台内进行创新,创造土地上的体验、活动或者是交互。

Decentraland 的协议一共有三层：LAND 内容层，利用分散式分发系统在虚拟世界中呈现内容；共识层，通过智能合约跟踪土地所有权和内容；实时层，为用户提供点对点集成以相互交互。

用户通过基于区块链的分类账明确虚拟土地的所有权，该分类账包括编码地块，每一块土地都由一组独特的笛卡尔坐标标记。内容的范围可以从某种类型的静态 3D 场景到一些交互系统，如区块链游戏（链游）。

除出售创造的各种物品外，用户还可以将他们的地块出租给其他玩家，包括公园和酒店等建筑物。Decentraland 世界被划分为 90601 个单独的地块，可以在元宇宙的特定坐标处找到它们。

在游戏之外，Decentraland 团队发布了一个拖放编辑器，用户可以利用这个编辑器构建场景。Decentraland 的构建器工具为数字土地提供所有者在其地块内策划独特的体验。所有交易都在以太坊钱包之间结算，因此由以太坊网络验证并登录其区块链。

基础设施层：五层技术为元宇宙的强有力保证

基础设施保障元宇宙的发展与运行。

区块链基础设施通常可被分为五层架构，分别包含数据层、网络层、共识层、合约层和应用层。

1. 数据层

区块链数据层涵盖数据结构、密码、编码学等多项计算机学科。通常地，区块链的交易被用默克尔树的形式记录，树状结构有助于对叶子节点的访问，而默克尔树在此基础上增加了哈希验证技术，因此，可以快速查验记录每个区块中的区块链交易。

此外，区块构成了每个需要达成共识的单元，一旦形成共识，区块的哈希值被其后继区块记录。哈希运算的抗碰撞性保证了区块链存储的不可篡改性。基于区块链不可篡改和可用的存储，形成了元宇宙的可信数据服务基础设施，为元宇宙中的身份、内容、资产和活动提供信任基础。

2. 网络层

区块链网络层一方面借助传统的有线或无线通信信道，实现节点间的对等协商通道，保证了区块链系统的去中心化特性。另一方面，区块链构建的稳定的经过认证的点对点通信网络可以满足更加丰富的通信要求，比如广播协议、隐蔽通信、端到端传输等。因此，成熟的区块链网络可以满足元宇宙中各种各样的通信需求，使更多参与者可以在保护身份隐私的前提下进行点对点通信，避免用户隐私泄露的风险。

3. 共识层

区块链共识层致力于解决传统分布式系统的数据一致性和容错性问题。分布式系统在保证数据可用性的同时，需要保证数据的一致性。拜占庭容错算法、工作量证明算法和权益证明算法等为区块链提供了丰富的共识协议思路。不同共识算法适用的场景不同，可以在分布式环境下，由元宇宙的参与者共同设定规则，共同确认系统的技术路线和商业模式，有效提升了用户参与的积极性。

4. 合约层

区块链合约层从比特币的栈式脚本语言执行环境到以太坊为代表的图灵完备编程环境，体现了区块链正在支持所有的可计算操作。合约被分布式的节点反复执行和验证，体现了区块链的公开透明性，进而使区块链具备可验证计算的服务。区块链合约层有效地满足了元宇宙中不同的应用需求，形成更多可编程的数字资产，扩大了元宇宙数字经济生态的规模，并为元宇宙社会的可信计算奠定了基础。

5. 应用层

区块链应用层以数据层、网络层、共识层为理论支撑，以合约层为直接基础，提供用户界面友好的开放平台，为分布式应用、可信计算应用、价值互联互换提供接口。区块链应用层是普通用户接触、使用、参与构建元宇宙的入口。

总之，这些技术既承担物理世界数字化的前端采集和处理职能，也承担了元宇宙虚实共生的虚拟世界去渗透甚至管理物理世界的职能，只有真正实现了万物互联，元宇宙实现虚实共生才有可能。其产业体系主要包括四个层级：

应用层：游戏、数字金融、虚拟活动、教育培训、社交、直播等；

平台层：搭建内容的各种开发工具平台、内容分发平台、操作系统平台；

网络层：通信网络、物联网、互联网、云计算、云存储、人工智能、区块链、边缘计算；

感知及显示层：AR、VR 头显设备、智能手机、电脑、传感器等终端设备。

【典型案例：M Social 酒店】

M Social 是新加坡当地有名的潮流酒店，隶属千禧酒店集团。

2022 年，全球首家元宇宙酒店 M Social Decentraland 正式开业。只需要注册一个账号，就能"云住"酒店，和朋友们在酒吧聚会或庆祝纪念日。

同现实生活中的 M Social 一样，M Social Decentraland 致力于为新世代提供更多新鲜有趣且个性化的沉浸式体验。通过将"元宇宙"中的冒险体验和现实生活中的活动相结合，M Social 希望能吸引更多追求趣味和潮流的顾客群体，并且进一步打造出更生动且有创造力的社区。

M Social Decentraland 位于 Decentraland 的核心区域 Genesis Plaza，外墙四面由巨大的 M 字母和玻璃构成，内部用荧光粉点缀，充满了趣味性和未来科技感。进入 Decentraland 之前，玩家还可以自行"捏脸"，并且挑选喜欢的服饰和配饰。之后，旅客会在机器人的引导和帮助下开启充满乐趣的探索之旅。通过完成任务和游戏，进入 M Social Decentraland 的旅客将会有全新体验，邂逅趣味相投的朋友。除此之外，通过考验的玩家还有机会获得现实世界中的惊喜奖品。

  2022年是新加坡的地标鱼尾狮建成50周年，M Social酒店与新加坡旅游局联手打造了网页游戏《鱼尾狮的假期》（*Merlion on Vacation*），让人们足不出户也能在元宇宙中体验与了解新加坡的文化。玩家们要通过一系列以新加坡的代表性地标乌节路、双溪布洛保护区、滨海湾等为背景的小游戏获得线索，找到被传送到Decentraland的鱼尾狮，并且庆祝它的50岁生日。完成游戏的玩家们可参与抽奖活动，奖品包括新加坡M Social酒店的一夜体验券、美食券及商品券等。

第六章
创新构架：形成数字新模式

数字经济和元宇宙的关系

数字经济是继农业经济、工业经济之后出现的一种新的经济社会发展形态,其生产要素不再是工业时代的土地、劳动力和资本,而是数据。实现数字化转型,建立发达的数字经济体系,可以在一定程度上改变经济增长范式。

众所周知,物理世界中的核"裂变"和"聚变"过程都会产生巨大的能量,数字经济也在持续"裂变"和"聚变",并产生巨大的能量。目前,数字经济正处在"裂变"和"聚变"的加速期。

数字经济的"裂变"方式有两种:一种是"横向裂变",即数字经济在发展过程中凭空创造出历史上没有的新部门,使产业结构复杂化,比如,传统金融业、农业等部门,变成数字金融业、数字农业等;另一种是"纵向裂变",主要包括芯片引发的产业群和大数据引发的云计算、数据安全等。以云计算为例,大数据体系中产生了云计算,而云计算又进行了"分裂",比如,在服务方面"分裂"为基础设施即服务(IaaS)、平台即服务(PaaS)和软件即服务(SaaS);而按照部署方式的不同,IaaS又可以分裂为公有云、私有云和混合云。

数字经济在"裂变"的同时持续"聚变",形成了支持数字经济扩张的新"原子核",即区块链、波卡、预言机和DAO,它们之间有着直接而密切的联系。比如,区块链是数字经济"聚变"的起点,当数字经济以人们无法想象的速度和复杂机制分裂时,区块链就将分裂的东西重新组合。

数字经济时代,传统的分配制度、组织形态和管理模式等方面发生全新改变。但种种迹象已经告诉我们数字经济时代的来临。

未来,数字经济的发展将重点集中在产业的数字化转型、数字农村、智慧医疗、智慧城市、数字政府等领域,元宇宙可以看作数字经济的新内容和新发展。

通过研究数字经济的运行规律,测度数字经济的规模,促进数字产业化与产业数字化发展,从而实现数字技术与工业、农业、服务业等行业的深度融合,是数字经济发展的必然。元宇宙是利用科技手段创造的,与现实世界映射与交互的虚拟世界,具备新型社会体系的数字生活空间。元宇宙是一个脱胎于现实世界,又与现实世界平行、影响现实世界并始终在线的虚拟世界。数字经济是数据信息通过网络流动而产生的经济活动。

如果说数字经济是互联网与传统经济的渗透与融合,元宇宙就是数字经济在虚拟世界的延伸和发展。元宇宙是数字经济成长的载体,数字经济是实现元宇宙价值的主体。没有数字经济,就无法支撑起元宇宙中的经济系统;同时,支持数字经济最重要的技术基础构成了元宇宙的技术基础。可以说,数字经济与元宇宙有着天然的联系。

元宇宙——数字经济新赛道

当前,元宇宙产业处于起步并不断探索的阶段,孕育出新的商业模式和产品,也承载着数字经济的新场景、新应用和新生态,或将成为打造数字经济产业集群、推动数字经济高质量发展的重要力量。

元宇宙是现代科技的产物,是数字技术的集大成者,也是信息化时代背景下发展的新趋势。随着技术的突破和商业模式、产品终端的创新,加之内容破圈、底层系统面世以及资本的涌入,元宇宙将迎来蓬勃发展阶段。

1. 集数字技术之大成

元宇宙是由数字孪生、区块链、人工智能和交互技术等技术共同打造的虚拟世界,是数字技术的集大成者,也是与现实世界平行并持续演化的虚拟世界,是一个用多种技术创造出的现实与虚实结合、相互连通、时空拓展的新环境。

(1)数字孪生。工业数字孪生是工业系统的数字化镜像,并为工业元宇宙提供虚实交互、虚实协同的基础支撑。通过仿真技术反映对应工业实体系统的全生命周期过程,是对产品、生产线、产业链进行仿真、预测、优化的重要技术手段。

（2）区块链。区块链技术具有分布式、公开、加密的特点，保障了数据的不可篡改、全程可追溯；以去中心化的方式解决社会交往中的信任构建难题，保证了用户的虚拟身份和虚拟资产不被任何单一机构掌控；从身份标识、经济运行、社会治理三方面重构了现有的社会形态，构成元宇宙世界超越互联网时代的核心特点。

（3）人工智能。人工智能是当前科技革命的制高点，广泛连接各领域知识与技术，释放科技革命和产业变革积蓄的巨大能量。在元宇宙的世界里，人工智能将扮演重要角色，为元宇宙赋予智能的"大脑"以及创新的内容。

（4）交互技术。人机交互技术是通往元宇宙的大门，各种传感器则是打开这扇大门的钥匙。传感器是人类的感知从现实世界进入虚拟世界的桥梁，为人们在元宇宙中的沉浸式体验打下基础。

从技术根基看，元宇宙是以仿真技术为基础建立起来的。元宇宙是与现实世界映射、交互的虚拟世界，是仿真技术的拓展、深化。仿真技术是以相似原理、模型理论、系统技术、信息技术等理论与技术为基础，以计算机系统相应的物理设备和仿真器为工具，研究真实性的多学科综合性技术，综合性强，应用领域宽，无破坏性，可存储，不受气候条件和空间影响等，为元宇宙概念的拓展提供了全方位的技术支撑。

随着各领域技术的成熟和融合创新，大量用户被吸引过来，为元宇宙的发展注入动力，使元宇宙能够形成丰富、完善的产业链。

2. 元宇宙赋能数字经济发展

随着科学技术的不断发展，元宇宙产业发展除对技术层面的影响外，对社会经济领域的影响更明显，并逐渐融入人们的日常生活。如今，数字经济已上升为国家战略，元宇宙作为数字经济未来发展的重要载体，承载着数字经济的新场景、新应用和新生态，是推动数字经济高质量发展的关键力量。

（1）互联网是实现产业数字化的关键，而元宇宙是数字经济与实体经济融合发展的新型载体。元宇宙可以实现人、虚拟空间与现实空间的虚实映射、虚实交互和虚实融合，构建以虚强实、以虚促实的全要素链、全产业链、全价值链的智慧、协同、开放、服务、互联的复杂数字经济系统，促进虚实融合的高质量发展。

（2）元宇宙将引发传统网络模式的新一轮变革，并创造出新的经济增长模式。如今，经济发展模式正在经历重要转变，世界经济从工业经济引领转变为数字经济驱动，生产力发展阶段从动力时代逐步迈向算力时代，数字经济成为重组全球要素资源、重塑全球经济结构、改变全球竞争格局的关键力量。元宇宙时代，社会规则的重塑、资源配置方式的虚拟共融等，将会为数字经济带来前所未有的变革性影响。

（3）元宇宙推动数字产业化，形成产业新业态。在发展前期，元宇宙会催生出新产业、新业态和新模式，推进数字产业化，推动产业信息基础设施的构建、数字化转型的加快、各行业产业链生态链的升级；进入运行阶段后，会重塑实体产业的运行模式和经营形态，形成基于元宇宙的产业新形态，构建虚实相生的经济新形态。

总之，元宇宙是一个全新复杂的数字生态系统，它是在现实基础上构建的一个数字虚拟世界，这种改革体现了人与社会的关系改变。从这个意义上讲，"元宇宙"是联通物理世界和数字世界的重要新兴产业，将重塑数字经济体系，重构人类生产生活方式。

元宇宙创造数字经济新模式

数字创造是元宇宙经济的开端，没有创造，就没有可供交易的商品。在物理世界，人们"创造"的都是实物或者服务。我们会用"产品"对其进行描述，当其进入市场进行流通时，就会被称为"商品"。而在元宇宙中，人们进行的是"数字创造"，创造的是"数字产品"。元宇宙是否繁荣，一个重要的指标就是数字创造者的数量和活跃度。要想使元宇宙发展得更好，需要提供越来越简便的创作工具，降低用户的创作门槛。这种数字创造的过程是客观存在的，是元宇宙经济的重要因素。

元宇宙中的物质是数字化的，也是一些数据的集合。比如，我们在游戏里可以建造楼房、创造城市，我们可以在短视频 App 等各种平台上发布拍摄和制作的短视频，通过微信公众号可以发布各式各样的图文。

宇宙可以看作是一个物理的互联网，这个互联网中的一切都是由用户创造和构造的,用户创造的所有信息和资产也归用户所有。

1. 数字人的应用

元宇宙的数字技术促进了新业态的发展,促进了新商业模式的出现。数字人的应用就是重要的一方面。

狭义的数字人是信息科学与生命科学融合的产物。它运用信息科学的方法,在不同层次之上模拟人体的形态和功能。包括可视人、物理人、生理人、智能人四个相互重叠的发展阶段,最终建立多学科、多层次的数字模型,实现从微观到宏观的人体精确模拟。

广义的数字人是指数字技术在人体解剖学、物理学、生理学、智能等各个层次和阶段的渗透。需要指出的是,数字人是处于发展阶段的相关领域的总称。

数字人已经被应用于不同的场景。比如,在财经领域,国奥科技推出了一个金融数字人的演示,帮助提高工作效率;在娱乐行业,有动作捕捉技术、语音合成引擎或人工智能技术产生的虚拟偶像,给人们带来新鲜感;在文化旅游行业,纳仕传媒通过虚拟内容的形式发布了虚拟数字人李璐,提升用户体验。

这些数字人不断创造与人互动的接触点,为不同场景之下的人们带来新的服务和体验,比如,参与广告营销,引入C端流量,引发用户的情感共鸣,为品牌商家创造价值。

2. 个人信息管理

在元宇宙的发展中，个人信息管理的重要性不容忽视。在"暴力计算"的"大数据""人工智能"时代，个人信息的全面管理似乎是"小菜一碟"。其实不然，它是一个巨大的技术挑战，远非"分分类""打打标签"那样简单。实现个人信息的全面管理，需要充分理解个人在感受获取和理解使用信息的过程，把其中的可逻辑化的、由计算机能够实现的共性结构描述清楚，以此为基础实现个人信息的全面管理。

"个人虚拟映像"的建立，为围绕个人的应用的设计开辟了一条不同于传统信息应用建设的道路。由于"个人虚拟映像"将"个人"这个主体的信息融合在了一起，所以每一个应用都可以无障碍地获取任何需要的信息，建立以实际场景而非单线逻辑功能为依据的、融合化应用变得更加可行。它从系统的基础结构层面，就消除了信息"孤岛"产生的土壤。

"个人虚拟映像"的建立，也为个人数字系统的不断丰富、成长与完善，提供了信息层面的基础性保证。它将使个人数字系统不仅是一个满足个人需求的工具，也是个人成长发展的得力助手，成为个人的"外脑"或"第二大脑"，不断地向外拓展个人的"能力边界"。

具体来看，个人数字化系统与传统的互联网应用服务相比，具有如下的主要特征：

（1）独特的信息/数据安全性设计。信息/数据基本存储模式是加密后存储在个人本地设备上；使用者选择将信息/数据存储在云端时，云端模式类似于"个人保险箱"，只有个人拥有保险箱的密钥。

（2）人性与逻辑的有机结合。应用服务的设计体现的是灵活性与逻辑性的有机结合。这种结合将给个人留下合适的自主把控的空间，而不是强行将个人嵌入僵硬的"完备"逻辑流程之中被迫做许多无用功，也不是陷入类似社交网络的信息"乱炖"中耗散精力。应用是以场景为依据设计的。围绕不同的个人化场景，最充分地利用计算机组合复杂逻辑过程的能力，将不同功能融合在一起实现对个人活动的有效支撑。

（3）多设备多应用的信息整合"聚"变。个人数字化不是一个单一的应用系统，更不是一个孤立的应用系统，它是个人在信息社会中的所有信息碎片的聚合，是人的社会性的全面反映。个人多设备、多应用之间的无缝连接，是个人数字化系统的必须，以保证不同设备的应用可以有效获取信息，以及个人的信息能够及时整合在"个人虚拟映像"之中，而不是零碎地散落在不同的设备里。

元宇宙下的数字资产新模式

资产隐含的产权属性是交易的前提。数字资产的形成，还需要一个底层平台，在资产层面提供严格的版权保护和跨平台的流通机制。基于区块链技术的平台顺势而生，其通过加密，可以把数据资产化，通过共识机制对交易进行验证和确认，为交易行为留下不可被篡改的记录。这一套完整的机制，能够帮助元宇宙的参与者完成对数字产品的确权，建立数字资产。

比如，游戏《王者荣耀》中的"皮肤"，其产权属于腾讯，如果玩家想得到就得付钱。玩家购买的"皮肤"属于玩家的私人装备，不可以转让，但是拥有这个"皮肤"的游戏账号可以转让，可以出售获利。如此，"皮肤"就具备了资产属性。在淘宝、闲鱼等电子商务平台上，用户可以轻松搜索到出售游戏账号的玩家。

显然，"皮肤"是在游戏中创造的，也只能在游戏中购买。这些虚拟商品不能脱离游戏平台存在，换句话说，不同平台的虚拟产品没有通用性，无法构成严格意义上的数字资产。这就限制了跨平台、跨游戏的数字资产的流通。

Roblox 提供了游戏开发平台，玩家通过这一平台可以自己开发游戏，在游戏中创造出各种数字产品。只要在 Roblox 的平台上，这些数字产品就可以跨游戏使用，这是一个相当大的突破。

如果想把 Roblox 平台上玩家购买的数字产品（虚拟物品）拿到其他游戏中使用是做不到的，因为其他游戏的平台和 Roblox 平台没有打通。这就限制了数字资产的流通。

无论是游戏中的"皮肤"，还是 Roblox 中用户创造的数字产品，都不是严格意义上的数字资产。数字资产的形成，还需要一个底层的平台在资产层面提供严格的版权保护和跨平台的流通机制。这样一来，真正的元宇宙经济才会形成。

在元宇宙中，每个人都可以在数字市场进行数字资产交易，数字市场是整个数字经济的核心，也是元宇宙得以繁荣的基础设施。建立数字市场的最终目的是繁荣整个元宇宙。有了数字市场，元宇宙中的人们就有了盈利的可能。让人们在体验之余还能获得经济上的收入，是元宇宙成长的奥秘。

元宇宙和数字经济蓬勃发展，带来了三种类型的市场扩张：

第一种市场是进行实物交换的电商市场，如阿里巴巴、京东等，它们是最为我们熟知的。

第二种市场中交换的是创造内容的工具，如手机上的应用商店。在这个市场中，没有数字内容的交换，只有具备特殊性的、能够创造数字内容的虚拟数字商品，也就是各种 App 的交换；

第三种市场中发生的交换，就是数字内容的交换了。比如，给某段视频或图文材料进行"打赏"，在游戏中"购入"一栋"大楼"、一座"城镇"、一辆"汽车"或一套"皮肤"等。

在元宇宙中，我们着重谈的是第三种，即交换纯粹的数字产品的数字市场。这一类数字市场的雏形已经形成。比如，玩家可以在一些网站售卖自己购买的"皮肤"和自己"养起来"的游戏账号等。但是，这种市场还不完全是我们所要讨论元宇宙中的数字市场，因为这样的交易并不是在元宇宙内部完成的，它们依赖外部的市场，与在游戏内部直接建立的市场进行的交易有一定区别。

成熟的元宇宙的数字市场，其中交易的产品的创造过程和实际交易都应该是在元宇宙中完成的。假定某游戏有1亿名玩家，新"皮肤"发售的总销量不会超过玩家总量。为了获得更大收益，"皮肤"被有计划地划分成不同的等级。最低等级的，价格便宜，供应充足，所有玩家都可以买到。等级稍高的，价格也更贵一些，但是供应依然充足。等级更高的，价格昂贵，限量供应，玩家不一定能买得到。"限量供应"这四个字是元宇宙经济的核心问题。

同样，Roblox 也设定了市场机制，玩家可以出售自己制造的"建筑""衣服"等道具。

元宇宙下的数字营销新模式

当下,众多科技公司乘着元宇宙东风纷纷打造虚拟IP,以数字人为代表的元宇宙营销火起来了。据相关研究报告,2021年虚拟偶像带动的整体市场规模和核心市场规模分别为1074.9亿元和62.2亿元。

元宇宙,作为一个利用科技手段进行连接创造、与现实世界映射交互的虚拟世界,是具备新型社会体系的数字生活空间,为大众提供了足不出户就能获得更多新鲜体验的机会,也为创新营销活动的开展提供了更多可能。

1. 元宇宙营销进入1.0时代

元宇宙热潮下,新的营销形式被催生出来,众多知名公司也应用了这些新型营销形式。例如,2022年3月,蓝色光标旗下"蓝宇宙"营销空间正式入驻百度元宇宙平台希壤,初期就吸引了5个品牌入驻,110万体验用户,"蓝宇宙"宣称已完成了消费领域"人货场"三位一体的元宇宙全场景业务布局和营销架构。在数字人领域,众多品牌已尝试推出定制虚拟形象,通过虚拟主播带货、虚拟代言人等方式与消费者互动,以此增强商家和用户之间的信息传递效率。

借力元宇宙营销的背后,是行业和技术的同频共振。

虚拟数字人并不是新鲜概念,在元宇宙概念大热之前,以"微软小冰"为代表的数字人就已经出现,但那时还没有赋予数字人更多的社会性功能。近年来,在探寻数字人应用落地过程中,"数字人+电商"的形式开始崭露头角,虚拟主播正是数字人与电商行业、传媒行业结合以后,随之出现的创新营销元素。

针对居家的消费者,线上营销可以建立产品与消费者之间的联系,而作为线上营销的创新形式,元宇宙营销还可以让企业更清楚地了解消费者需求发生了什么变化。

在VR、AR等技术的支撑下,元宇宙"基建"已具备。元宇宙数字营销被关注,凸显了虚拟世界作用于现实世界的深度影响。虽然目前元宇宙平台还处于搭建构想中,但相关的新技术、新产品尝试已层出不穷。这些技术为元宇宙营销的发展提供了基础,虚拟形象等元宇宙营销火热,反映出相关技术成熟度到了一定水平。

元宇宙营销的一个重要抓手就是营销技术。元宇宙实际上是技术的集合体,涉及方方面面。元宇宙不仅是虚拟人,既有VR、AR,还有声音、渲染、人工智能等多种相关技术集合在一起。

随着元宇宙基础设施的不断完善,会出现许多不同的场景、不同的玩法、不同的广告元素,直播带货、广告代言等可以通过虚拟人实现,品牌露出和销售也可以在虚拟商城完成。

此外,VR、AR等技术能够助力营销活动开展,这些技术可以把很微小的、难以被注意到的细节增强、放大，让消费者更加充分地理解广告营销的内容。

中国电子信息产业发展研究院发布的《元宇宙产业链生态白皮书》提到，自2021年10月，中国移动公司宣布成立元宇宙产业委员会后，全国多地成立产业联盟，如四川天府新区元宇宙产业协会、广州元宇宙创新联盟以及江苏产业元宇宙联盟等。

2.元宇宙营销相较传统营销

元宇宙营销跟传统营销，从本质上讲是一样的，要解决的问题都是如何把产品和用户对接起来。要更好地实现对接，需要不断创新营销方式，而元宇宙营销与传统营销最大的区别在于用户的迁移，用户在哪里，营销就在哪里。

当元宇宙被逐渐建构起来，大量的用户会向元宇宙迁移，那么营销时必然要考虑这些用户的特点，根据用户的使用行为调整营销策略，比如，用户用VR在元宇宙里看东西，如果企业不在VR平台上进行营销，用户就看不见。

传统营销和以虚拟数字人为代表的元宇宙营销有何区别？虚拟主播不知疲倦，并且程序可控，如果形象做得好，营销有趣味还会更加吸引流量，这是虚拟人营销的优势所在。

传统营销方式缺少和用户的连接，更多是通过市场调研或一些商业直觉去洞察变化。在元宇宙世界里，虚拟主播和用户之间能够更好地互动，建立起更有效的连接。同时，结合大数据、人工智能等技术分析用户的行为和需求，推出更为精准的营销策略和方式。

此外，相对传统营销手段，元宇宙营销完成的是一种互动社交。比如电视广告就是单向传输，信息可以快速传播，大家看的是碎片化的内容。但微信不一样，微信有社交概念，它是熟人之间的信息来回传递。元宇宙营销就是双向的传递，社交会更便捷。现在大量 MCN 机构开始尝试使用虚拟主播做推广，大型广告公司也在开发元宇宙营销产品。

3."内容+技术"还需突破提升

随着元宇宙技术及其市场布局逐渐落地，基于元宇宙的营销形式和种类也更加多样。

当前，企业主要是用元宇宙要素进行营销，"纯元宇宙玩法"还很少。目前元宇宙营销做得比较好的主要是 VR 公司和游戏公司，例如国内 VR 硬件厂商 Pico，以及被称为"元宇宙第一股"的游戏公司 Roblox，两者都是通过提供产品或服务打造现实与虚拟的混合体。无论是数字原生、数字孪生，还是虚实共生，很重要的一部分都在于虚拟场景的构建，核心是沉浸式体验。

虚拟现实的头显感知体验和交互特性可直接决定元宇宙对用户的吸引力。一次具体的元宇宙营销活动成功的关键，在于通过技术支持，提升增强现实的体验质量，即不断提升虚拟现实头显的感知体验和交互特性，在这个关键领域，还有一些技术瓶颈待突破。

除了技术层面的问题亟待破解，元宇宙营销在内容方面也有提升空间。

元宇宙营销的内容非常重要，要从消费者的痛点切入，不同的人群看到的东西不一样，所以元宇宙营销还要靠企业巧妙地把广告元素融入进去，有趣味性、娱乐性才能让消费者更加感兴趣，比如让消费者在娱乐中就知道了产品的属性，而不是直接打广告。

第七章
落地应用：元宇宙在细分领域大有可为

游戏：元宇宙带来更具沉浸感的游戏体验

随着技术的发展，游戏已经演化为一种集游玩、观看和参与于一身的体验。元宇宙将会成为游戏的下一个阶段，将非游戏体验也整合其中，由技术、消费者与游戏的互动方式来共同驱动。这种演化发展使得游戏成为了一种平台，以便多个利益相关者在其核心产品之外创造和获取价值。

游戏是最先成长起来的元宇宙场景，虚拟社交身份、开放性、经济系统、沉浸感是元宇宙游戏需关注的特征。

元宇宙游戏依然是游戏，现阶段参与元宇宙游戏的主要是游戏爱好者。新的概念依然需要好的游戏产品支撑，团队经验和技术能力是元宇宙类游戏的核心点。

中青宝《酿酒大师》：主打"线上＋线下串联"概念。

《酿酒大师》是第一款打出元宇宙概念并得到广泛关注的元宇宙游戏，中青宝放出的第一个宣传片，以线上酿酒、线下提酒的卖点勾起了外界的高期待。中青宝曾披露计划对《酿酒大师》开发 H5、2D、3D 和 VR 版本，总投资约 1 亿元。

点点互动《闪耀小镇》：背靠罗布乐思，主打创造体验。

世纪华通旗下点点互动的《闪耀小镇》也是较早公开宣称是"元宇宙游戏"的产品，在接受媒体采访时，研发团队的负责人曾表示"这款游戏（《闪耀小镇》）算是元宇宙游戏的雏形，让玩家自己决定玩什么、怎么玩"。《闪耀小镇》是一款以城市为场景的沙盒类游戏，包括外观、载具、房屋、宠物等元素，玩家可以在游戏中布置房间、烹饪、游泳等，其核心体验主要在于玩家的主观设计，适合多人社交。

游戏既是最接近元宇宙庞大概念的形态，也是目前元宇宙落地最成熟的领域。以元宇宙为概念创作的游戏平台受到玩家追捧，这也证明了游戏与元宇宙结合的可行性。

元宇宙是在融合应用云计算、物联网、通信技术、区块链、虚拟现实等数字、网络、智能技术的基础上，基于当前网络空间的全面升级而打造的一种深度沉浸、高度自由并与现实世界密切关联的虚拟世界，社会信息、价值将在现实世界与虚拟世界之间互相流动、映射、赋能。

1. 元宇宙的虚拟空间建造

（1）由虚拟环境产生的"在别处"感觉的程度，即实体空间感。在人机交互设备的作用下，参与者产生直接的感官刺激。虚拟现实的图形显示技术可以让用户沉浸在虚拟的三维环境中，而非以旁观者的角度通过计算机屏幕进行观察。交互界面也不再是传统的鼠标、键盘等输入设备，而使用了更加人性化的、以自然的人体体态进行交互的界面，如数据手套和数据衣等。同时，该环境还向介入者(人)提供视觉、听觉、触觉等多种感官刺激。

（2）"在别处"的现实认知感受占主导的程度。用户暂时性地、主动或被动地忘却现实物理世界，而将大多数或者全部注意力投入虚拟空间中，完成自我知觉的替换。与传统媒介不同，虚拟现实中，人类以虚拟化身的方式进入虚拟现实环境空间，以自然的方式与虚拟环境中的人和物进行交互。此时，虚拟化身是虚拟环境中人的行为主体。

（3）参与者对虚拟现实作为现实的认同程度。沉浸于虚拟现实世界的过程中，用户甚至会产生媒介透明感，或可以称为"无中介的错觉"，即媒介使用者未能发觉或感知他/她所处的传播环境中媒介的存在，并在这样的感知前提下与传播环境互动。人类的所有感知都是通过身体感官完成，但此时的媒介已变成人造的媒体技术，甚至包括眼镜和助听器材。

2. 虚拟空间为游戏赋能

（1）社会情境化。在目前的元宇宙产品中，用户在虚拟世界的景观和建筑之间穿梭行走，并与人造空间关系形成了一套空间协作框架。和物理世界类似，环境背景音起到了指引作用——欢笑声、潺潺溪水声、音乐声弥漫在元宇宙空间中，并根据用户所在的具体空间坐标形成不同的立体声效，生发出本体实在的空间感知。人造物在塑造及反映场所意义的理解中起到了至关重要的作用，用户通过人造物形成情感依附和社会关系。

（2）社会临场感。社会临场感也是一种社交满足，是一种感知社会性、相互取暖、敏感性、私密性或亲密性的互动实践。用户自身也会基于传播效果中临场感的要求来选择不同的媒介形态。在社会临场感类别上，无论是传统的书信、电子邮件，抑或是网络文字聊天、电话，还是元宇宙的虚拟世界，精简的信号通道均无法满足物理性的身临其境，但并不妨碍心理效果上社会存在感的满足。

3.商业生态

（1）游戏设计。除了标准的单人和多人游戏模式外，元宇宙游戏也会发展出创意十足、带有社交属性的模式；在内容方面，游戏社区将在人工智能和其他简化创作的无代码工具的支持下，在游戏开发中发挥更大的作用。

（2）市场营销。通过元宇宙游戏的营销，可实现原生品牌的激活或整合，真实或虚拟的"网红"角色以及各类IP都将成为元宇宙营销工具的固定组成部分，限量版NFT的发布也有助于在消费者中产生轰动效应。

（3）商业模式。元宇宙将在游戏内部和外部开辟更多商机。2021年发布的《元宇宙全球发展报告》提到，在元宇宙中，未来游戏行业可能出现的新的商业模式包括：通过付费参加虚拟音乐会、讲座或其他非游戏活动；在游戏外出售、交易非同质化代币或者持久性数字物品；在区块链的支持下，玩家可以通过为游戏生态系统作出贡献以获得游戏奖励。

4. 游戏与元宇宙结合的发展路径

（1）打造沉浸式游戏体验。沉浸式体验和交互感是元宇宙在感官层面的表现，也是元宇宙的必备特性。在游戏平台中打造沉浸式体验感也是游戏厂商和平台的一致努力方向。VR、AR等技术能够瞬间调动玩家五感，赋予游戏玩家身临其境的代入感。在未来，游戏将从平面走向立体，通过将物理世界的规则写入游戏平台，玩家与虚拟空间的互动也将更加真实。

（2）从游戏即服务到游戏即平台。元宇宙与游戏结合的一个转变是，用户与游戏的关系将发生转变。依靠于区块链和NFT等技术，以及元宇宙下虚实共生的概念，游戏创作者和玩家将是共生的，游戏也将从服务转向平台。一方面，游戏的内容制作权利将交还给用户，平台通过制定规则和提供无代码工具支持玩家发挥自己的想象力以开发和创造游戏。另一方面，游戏的运营管理同样交还给用户。常见的做法是通过发行平台治理代币，让用户能够通过投票参与游戏平台的建设和规划，使得游戏平台属于每一个用户。

（3）打造游戏经济系统。元宇宙游戏自带一套经济系统。元宇宙游戏的资产能够通过NFT或者数字藏品表示，依靠区块链发行的NFT能够作为数字资产的凭证。游戏元宇宙内的宠物、装备、建筑甚至是地块都能够以NFT或者数字藏品的形式表示，并能够实现资产价值的衡量和流通。游戏的平台代币是元宇宙游戏内衡量和交换价值的媒介，同时也支持兑换成其他加密货币或者法币以打通元宇宙与外部世界。此外，平台代币另一个重要的作用为赋予玩家更大权利。用户通过代币投票参与平台治理，元宇宙内的规则、文明都能够被玩家共同重新定义。

（4）增强非游戏体验。元宇宙概念并非局限于游戏，而是涵盖了物理世界下的各种活动。因此，将元宇宙与游戏结合的过程中，非游戏体验也将融入游戏本身。这种趋势下，社交、虚拟音乐会、虚拟商店等活动将在元宇宙游戏中愈加常见。

非游戏提供商的加入将丰富游戏元宇宙的形态，与产业或者商业的结合路径将丰富游戏的生态，长期来说将为游戏带来巨大的商机。另一方面，社交嘉年华、虚拟音乐会等活动进一步激活了游戏的社交属性，这种非游戏体验也将吸引一批非游戏玩家的加入。

社交：元宇宙社交具有的优势

1. 元宇宙社交发展的必然性

随着 5G 与 AI 技术的不断创新，元宇宙的概念也在发展中展现雏形，社交场景也会随之由现实转为虚实结合。社交的本质是要有足够多的用户、参与感，才有可能在此基础之上创建最高层级的文明，用户参与不进来，就永远还是在原地打转，更谈不上更上层的商业化。元宇宙的构建每一层都是在前一层之上的累加，底层都做不好，就无法成为真正的宇宙。

元宇宙中的社交体验是接近现实的，我们会像在现实中一样与其他人的数字身份沟通交流，无障碍进行等同于现实中所具有的社交体验。元宇宙社交的发展是建立在以下两个方面需求的基础上：

（1）陌生人交友新赛道。近年来，短视频、直播等泛娱乐行业飞速发展，各类线上活动广受欢迎，也为社交 App 的发展提供了新机遇。艾媒咨询数据显示，近年来，我国陌生人社交用户规模不断增长，2016 年达到 4.88 亿人，2020 年接近 6.5 亿人。孤独催生了"孤独生意"，熟人世界里无处排遣的孤独感，滋生了陌生人社交这个千亿元级别的市场。据《95 后社交观念与社交关系调查报告》显示，超八成的被调研用户将社交软件作为拓展人脉圈子的重要途径，其中 25.2% 的用户表示使用社交软件很频繁，58% 的用户选择通过社交软件寻找伴侣。

（2）能够满足"Z 世代"的社交需求。"95 后"也被称作"Z 世代"，泛指"95 后"和"00"后群体，严格意义上说，指的是 1996 年到 2010 年间出生的一代人。这群和手机同时成长起来的用户，对新产品的接纳度更高，也代表着未来移动互联网的流量方向。拥有十分广泛的兴趣爱好的"Z 世代"，在移动互联网下的娱乐社交方式有什么偏好特征？

"Z 世代"，从小接触平板电脑和智能手机，是在互联网时代成长起来的一代人。他们是智能生活的倡导者与受用者，享受科技的高效，善于抓住碎片时间让信息获取更智能、更自由。他们擅长借助智能化工具，让信息获取变得便捷。报告显示，63%的"Z世代"表现出对元宇宙的兴趣。云科技让梦想照进现实，云学习、云娱乐、云旅游对喜欢"宅家"的"Z世代"来说妙不可言。

在元宇宙的世界里，认同决定价值，年轻人的创造力将大有可为，而不只是用来"重写日常"。创造力、艺术性、社交关系，这些和"Z世代"的社交需求一致，"Z世代"特别看重社交互动、场景观感、沉浸式体验。

元宇宙是一个概念化的世界，互联网最终成为一个身临其境的虚拟空间，可用于工作、娱乐、社交、体验和活动。元宇宙的主要优势之一应该是"临场感"一种与地方和人接触的感觉，而不是透过电脑观看它们。

元宇宙社交有别于传统社交，具有3D可视化、强交互性、沉浸式等特征，能够迅速拉近陌生人之间的距离。

2.元宇宙社交产品的赛道

元宇宙概念下的社交产品最注重虚拟身份及社交关系的搭建。快速打通社交关系链条、提高社交效率的关键点是建立足够大用户基数的平台，兴趣社交、多对多链接和虚拟交友是元宇宙社交产品的创新点。

当前的元宇宙社交产品更多是对以往产品功能、玩法等的翻新，或进行一定程度的微创新、局部创新，并没有本质上的变革。目前元宇宙概念下的社交可分为三类模式：

（1）多对多链接。通过增加最小社交单元的组成人数或组队方式，以大于1人作为最基本的社交单位进行小群组间的关系匹配和建立。比如，Clubhouse、Zoom、Discord 等应用的创新更多是基于技术进步的量变（可容纳人数）而非质变。

（2）兴趣社交。主要在半熟人或陌生人之间以趣缘圈子为单位展开，如 VRChat 软件中的不同主题房间、公路商店和 Soul 软件中的兴趣标签等都是非熟人之间信号传递的媒介。

（3）虚拟交友。利用 VR/AR 技术生成虚拟形象打造虚拟人物、仿真明星（模拟形象和声音），以 VRChat 为代表的软件可导入和分享玩家自制的个性化化身，因此受到 ACG 爱好者的广泛好评，最受欢迎的化身往往与著名的动画、游戏 IP 相关。

旅行：通过VR可以参观世界任何地方

元宇宙的 3D 沉浸式体验、全数字化多维虚拟空间、虚实共生的数字生态等特点，与旅游业的现状形成融合的互补效应，因此一经问世，就受到国内外旅游业的关注与追捧。

张家界元宇宙中心在武陵源区大数据中心正式挂牌，张家界成为全国首个设立元宇宙研究中心的景区，揭开元宇宙与旅游融合发展的大幕；国内首家元宇宙主题乐园深圳冒险小王子元宇宙主题乐园将落地深圳光明小镇；海昌海洋公园携手 Soul App 打造的"海底奇幻万圣季——打开年轻社交元宇宙"主题活动圆满落幕；北京的环球度假区、张家湾、大运河等景区都将引入元宇宙应用场景，希望借助全球最大环球影城产业资源，联合周边文旅地产，共同打造体验式、沉浸式商业，形成顶级商圈。

不过，元宇宙与旅游业的结合，绝不仅限于利用VR、AR等3D渲染设备实现景区项目的宣传和推广，而是需要利用元宇宙多维的数字虚拟环境、开放式的文创生态、独一无二的数字资源，构建一个可广泛存在，并自由发展的旅游虚拟世界。

2021年在国庆期间，西安数字光年软件有限公司与大唐不夜城联合宣布，全球首个基于唐朝历史文化背景的元宇宙项目——"大唐开元"正式立项启动。目前，该元宇宙项目已经初步落地，并提供可供游客探索的元宇宙空间。

1. 建筑沙盘

为了复原长安城的历史风貌，数字光年与国内知名的数字古建建筑团队"明城京大学"和"史图馆"合作，通过数字化技术进行元宇宙的内容搭建和创作。数字光年将按照真实比例一比一搭建唐朝长安城建筑沙盘，早期体验用户可以参观唐朝长安城的主体建筑的建设进程，甚至共同参与其未来的规划和建设。

以虚拟建设大唐不夜城为开端，该大唐元宇宙接下来将逐步完善公共设施、经济系统、玩法模组等。用户将通过端口登录该元宇宙，领略唐朝风光、与朋友相邀互动以及购买物品等，通过"镜像虚拟世界"沉浸式在大唐不夜城中旅游。

2. 数字藏品助力商业变现

2021年11月，蚂蚁链宝藏计划上线了西安首个3D建筑模型的数字藏品"大唐开元·钟楼""大唐开元·小雁塔"，"大唐·开元"系列数字藏品以3D的形式最大限度地还原古建筑形态与细节，展现古建筑深厚的历史性与艺术性。据悉，该系列数字藏品共发行10000份，上线后"秒售罄"。

元宇宙是数字化转型的最终形态，是集娱乐、社交、学习、生产、生活于一体的数字世界，与现实世界紧密融合。元宇宙的特点之一是临场感，而沉浸式的旅游也是旅游新的发展方向之一。

元宇宙的新技术、新模式、新业态将会重构文旅产业的边界和定义，以集成技术和创新文化，达成内容和体验赋能，使文旅产业成为元宇宙领域的先行者。

信息时代的文旅，以数字信息化技术对旅游目的地进行改造、提升和赋能，强调数字技术和数据资源为传统文化和旅游产业带来的效率提升以及产出的增加，主要表现为景区数字化管理、旅游过程数字化服务、线上内容数字化展现、线下体验数字化互动、旅游衍生品等，更多的文化艺术内容、技术服务商进入产业链中，具有纵向延展的二维平面属性。

文旅元宇宙，以文化为主线，以技术为引导，以深度沉浸多模态交互为特征，以线上线下融合体验为形式，将文化所指代的"人类在社会实践过程中所获得的物质、精神的生产能力和创造的物质、精神财富的总和"内容结合并展现到极致，构建虚实无缝融合、内容极大丰富的新产业链；延伸到了科技研发、生产应用的各个领域和范畴，使精神和物质产品都能接入文旅产业链，使大多数业态都能成为文旅元宇宙的一部分，使文旅元宇宙有了横向纵向贯穿的三维立体属性，成为一个全新的业态。文化与旅游全方位深度融合，科技成为手段和平台，元宇宙旅游成为已有文化的载体、新文化的创生地。

1. 线下场馆

线下景区场馆，一直以来是旅游的最重要载体，包括景区、公园、博物馆、艺术馆、园区、街区、小镇、演出活动等。运营方以拥有独一无二的场地资源为主要竞争力，提供围绕场地的一系列线下服务，包括提供优美整洁有序的环境、导游导览服务、环境中独有内容的呈现及体验、基本游览生活设施保障等。

与过去相比，文旅行业的边界在模糊，外延在伸展。尤其对线下场地而言，文旅场所的概念，已经发生了巨大的改变。目前看到文旅线下场所的变革，基本上划分为三个阶段。

（1）景区文旅。以"风景＋人文历史"的传统 A 级景区为主，以自然资源为主要竞争力，体验以单向观看为主。工作人员的职能以场所服务、导游导览为主，技术应用以线下文物保护、修复维护为主；收益以门票为主，大多为一生一次的游客消费模式。

（2）服务综合体文旅。以"人造/改造的博物馆＋艺术馆＋主题公园+乐园+工业园区+度假村+街区+小镇+演出服务"等为主，以综合服务体的形式出现，提供一站式全方位的服务，着力打造沉浸式环境体验。工作人员的职能以运营服务、活动策划为主；技术应用以线上预约购票、电子导游导览、图片360°VR、慢直播、大数据分析，线下闸机人脸身份证验票、单点交互体验、人流监控安全预警为主；收益以"线下门票+二次消费"为主，有重大更新、季节变化时游客会重复消费。

（3）元宇宙文旅。将以元宇宙兴起为起点，以新技术的加持、新内容的创造、新体验的产生为依托和动力，扩大旅游目的地的范畴，出现一批文旅新类型。一切线下商业体，都将以丰富的内容服务、深度的融合体验关联文旅属性，成为新文旅的承载体。以深度沉浸体验的故事场景承载体形式，构建线上线下贯通的多维时空，打造个性化服务，每个游客可根据习惯爱好，获得全身心投入的元宇宙体验。

2. 内容服务商

文化内容，是文旅的重要元素，传统的山水建筑、导游讲解已经不能承载元宇宙所需要的丰富内容，沉浸式故事的构建将为文旅元宇宙打开一道道穿越时空的体验之门。实物实景搭建受限于场地、成本等因素，将导致大量虚拟内容的创生，虚拟场景与实景叠加渲染出历史场景、想象画面，成为游客深度体验的重要部分。

数字虚拟内容，则将成为构建文旅元宇宙必备的元素，以虚拟建筑、虚拟历史人物、虚拟道具等形式，结合AR技术，打造虚实结合时空穿越的场景；以 AI 赋能，即可成为景区中的导游、NPC、故事情节的重要线索、环境叠加展现的穿越时空辅助，为玩家提供多感官、强互动、开放性的丰富体验乐趣，更具沉浸感和科技感。实体空间和虚拟空间消费情境联动，强互动交流也加速了文旅内容的创新。这将吸引大批模型师、动画师、艺术家等进入其中，提供数字内容。

3. 打造数字景点

"眼见为实"的旅游体验是单一和有限的，"走马观花"的旅游使景点背后的历史、文化和各种精彩纷呈的故事被错失。元宇宙"虚实结合"的理念能够帮助景点获得"重生"，借助 VR、AR 等技术、移动电子设备等，物理景点的可探索性将被大大提高。

4. 挖掘景点 IP 价值

旅游景点因特有的历史、建筑或文化而具有独特的价值，NFT 和数字藏品能够重新挖掘和激发这类价值。上文案例中，"大唐·开元"项目通过挖掘自身内容价值，以 NFT 和数字藏品的形式寻求商业价值的路径也获得了成功。

5. 让景区变成"链游"的实景载体

在技术的加持下，景区的主题场景与区块链游戏的虚拟身份玩法实现有机结合，景区参观者通过移动终端设备在景区内开展探险活动、随时对外分享游戏体验或者将游戏的奖励"兑现"。该种模式下，线上线下成为一个有机整体，这种空间形态非常接近元宇宙的愿景。

6. 增强"平行世界"的旅游体验

通过对景点空间进行扫描，将扫描结果上传到云端平台，云端算法就可以将真实世界的数据处理为一个身临其境并且可以探索的空间。不用考虑天气、场地、交通等因素，避免了人流拥挤和长途劳顿，只需登录端口，人人都能足不出户地沉浸式探索各地景点。

商业：线上与线下消费模式新趋势

作为推动数字经济发展的重要一环，元宇宙正在自上而下融入我们的生活。从概念到构建，元宇宙正在催生各行业的技术升级，促进了线上和线下的商业模式转型。

1. 线下营销：传统模式的数字化转型

现行的商业模式可分为以线下为基础的传统贸易领域和以线上为基础的电子商务领域，数字技术的发展推动了电子商务领域的飞速成长。当下，众多零售品牌、传统商超、电商平台，甚至是虚拟鞋服这种新产品，已经在元宇宙赛道展开了新一轮较量，甚至有愈演愈烈的态势。

2022年4月30日晚，随着最后一场时尚大秀精彩落幕，2022秋冬深圳时装周迎来圆满收官。8天里，近60个品牌以招商蛇口意库价值工厂为主秀场，倾情奉献了51场时装发布，十余场时尚创意活动，本届深圳时装周以打造数字化时代全新升级的时尚发布平台,全方位引领最新潮流趋势,展示行业生态新风貌,备受国内外时尚界的关注和认可。

1. 首次引入元宇宙概念

深圳时装周举办期间推出的数字体验空间、时尚虚拟人天团以及数字订货平台,实现了线下秀场与线上直播同步、新季成衣与虚拟服饰共展、真人模特与虚拟偶像互动的惊艳效果,给深圳时装周打上了鲜明的"数字化"的烙印。

本届时装周打造了线上线下相结合的"元宇宙时装周",突破传统的时空物理概念,将T台秀场,新季服装导入元宇宙进行全方位展示。观众可以自由登录各个虚拟空间,在沉浸式体验的多维宇宙秀场,欣赏科技独有的数字浪漫,解锁时尚的无尽魅力。

作为时尚专业展示平台,深圳时装周也是构建供应链、品牌、零售商全产业链的推动者。为了促进品牌、设计师的商业落地,本届深圳时装周精心打造了"1+N"线上线下展示空间和系列订货会,即"1场数字化订货会+N个平行的系列订货会",在线看秀的国内外专业买手可进入数字化订货会系统进行线上订货,打破传统展示空间和时间限制,多方合作共同打造集群订货会,支持和培育本土优秀设计师,提高时尚产业创意设计水平。

2. 打造沉浸式体验多维空间

本次的深圳时装周围绕时尚元宇宙这一概念,打造出包括元宇宙时装大秀、元宇宙数字体验空间、深圳时装周虚拟偶像矩阵、设计师3D虚拟服装线上线下展示等在内的数个项目。此外，借助机器视觉、AI图像识别、大数据分析等技术，将最终形成"深圳时装周2022秋冬系列时尚趋势AI数据报告"，为设计师提供趋势参考。

值得一提的是，本届深圳时装周携手华为、时谛智能（Revobit）、加密空间等多家国内创新科技公司，现场展示了四大场景，包括智慧门店、畅快直播、跨境电商平台以及360度数字秀展。华为从构建高品质时尚产业数智化服务平台出发，给出了当下服装企业面临多重挑战的解决思路。"企业应以数字技术赋能服装行业商品企划、研发设计、供应链管理、生产制造、仓储物流等关键场景。"

商业模式在不断经历这样的递进循环：由实到虚再到实、由少到多再到少、由廉到贵再到廉、由小到大再到小、由外到内再到外……商业模式有多种表现形式，这个形式也会披上时代的外衣和技术的表征，体现波动和时代主题，但本质似乎从来未曾改变：以客群需求为导向，以竞合为方式，以虚实为表现，以效率为核心。

如今传统线下销售业发展面临着诸多困境：

（1）获客成本高。在线下消费模式中，消费者需在固定时间、固定场所或固定平台购买商家出售的商品；而营销则是利用报纸、电视等传统媒体，这种营销模式下的效果逐渐减弱，获客成本日渐攀升。

（2）沉淀效果差。由于互联网及智能手机的发展，人们工作娱乐逐渐由线下转移至线上，尤其体现在网络视频、在线阅读、网络直播及网络游戏等方面；而传统零售一方面受制于固定的线下实体店铺或固定的公共平台，另一方面受制于人口红利逐渐消失的传统营销模式，难以将流量沉淀在自有品牌。

（3）产品变现难。传统的线下购物场景通常是线下到店、挑选货物、付款等流程，线上购物场景是浏览、购物车、电子付款、物流寄送等流程；受制于传统营销渠道及零售渠道，传统零售产品曝光度低，变现较为困难。

在数字时代，传统消费模式的转型升级势不可挡。在零售领域，用户在元宇宙中不仅有数字化身，还包括虚拟偶像等，未来消费者可以为自己的数字替身购买衣服、美妆、出行工具甚至住所，虚实结合也将带来新的经济增长点。品牌商也开始和元宇宙平台合作打造虚拟空间，为消费者提供全新的购物场景。

线下销售模式的数字化转型，需要商家明确自身细分市场定位，推动上游供应链体系数字化改革，完善下游销售链体系数字化升级，发展"线上+线下"双线融合的新零售模式。并重点发展突出体验的全场景营销模式，实现精准定位、精准布局、精准营销、精准服务、精细管理的可持续发展。

（1）数字化营销。以"私域+营销+全场景"为代表的精细化营销模式逐渐成熟。数据化营销服务在不断推进消费群体属性标签化、领域细分、市场定位及流量转变；商家通过深度融合线上互联网和线下实体终端店，线上线下资源共享，最终实现私域流量用户价值的沉淀。

电商直播营销重点也由前端底层技术服务逐渐转向下游私域流量全场景、精细化运作。在下游消费者数据标签管理的基础上，为用户提供引流、获客、转化、留存等一站式营销服务，形成以专属品牌、专属主播、专属直播账号为载体的私域流量的运营、沉淀和积累，实现品牌客户无形资产的增值。

在数字经济时代，只有实现线上和线下的融合，才能更好地满足消费者的心理需求，不断推动传统销售模式的数字化转型。而元宇宙作为新的销售渠道，其底层逻辑很清晰，即有人的地方就有消费。随着元宇宙场景的开发和普及，元宇宙空间将成为新的流量聚集地。

（2）虚拟场景新体验。调查数据显示，消费者平均花费超过14分钟沉浸在3D虚拟购物体验中，而在静态的2D电子商务网站上花费的时间则平均不到2分钟。消费者进入虚拟世界，可以获得身临其境的沉浸式体验。逼真的情境让临场感格外强烈，能使消费者专注投入于情境中，得到更深入的联结与反馈，获得满足与愉悦。通过VR技术，零售商可以让消费者在独特的沉浸式环境中与品牌互动，使客户拥有与众不同的体验。与传统网站或移动应用程序相比，细节丰富的交互式3D空间能够鼓励消费者在元宇宙购物场所中停留更长时间。

元宇宙中的虚拟购物体验限制极少。消费者不会受到地点或时间的阻碍，也不用在商场汗流浃背地挤、走入一家又一家店铺；只需听着欢快的音乐，看着琳琅满目的商品，还可以跟素未谋面的陌生人交流想法，这种购物体验是前所未有的。

除了这一优势，零售商还可以利用VR设备对元宇宙中用户交互的数据进行分析，这有助于优化产品。营销人员不仅可以确定哪些产品最受欢迎，还可以分析流量并跟踪用户活动，而这是提高客户参与度、品牌忠诚度和最终销量的重要步骤。

（3）游戏化提升消费价值。以购物切入元宇宙概念这种做法正越来越普遍，且VR技术和AR技术的发展也正在打破游戏和购物之间的边界。

通过游戏化概念，为既有的商业模式注入活水，将消费者视为玩家，将主动权交付在消费者手中，让消费者自主探索、自主创造。在不同阶段设计刺激玩法，活用游戏关卡设计的奖励机制，让消费者从小目标中获得成就感，促使消费者保有高度兴趣。

除游戏带来的乐趣以外，游戏的社群连结性满足人类互动需求，达成自我实现的满足感及目标征服的成就感也是游戏化的关键。应用于零售行为模式上，就是以游戏化鼓励消费者养成消费的行为习惯，让消费者上瘾，获得内在驱动力量，促成交易量提升。

元宇宙既是全球科技发展的浪潮趋势，也是零售业借助科技之力，实现虚实整合的切入点，借助虚拟场景创建零售新场景，为顾客带来全然不同的消费体验。

2.线上营销新趋势：沉浸式的数字孪生电商

当下，以"沉浸式"为名目形成的组合词出现的重复频率之高，横跨文化、娱乐、科技、游戏等众多领域，似乎万物皆可"沉浸式"。

蓬勃发展的沉浸式产业，有着更广阔的想象空间，比如沉浸式博物馆的出现，给沉浸式体验式消费体验提供了新思路。

青岛啤酒博物馆是中国工业旅游的旗帜，沉浸式博物馆的成功不仅起到了促进当地旅游产业发展的作用，还增强了"啤酒+文旅"的决策信心。

青岛啤酒通过影像资料、平面实物、立体模型等打造情境化的叙事空间，利用电脑三维复原技术将老建筑"还原"，将叙事的主题与空间展示融合，在全息影像的逼真里复原过去、再现历史的场景，以艺术手段唤醒人的认知和记忆，建立起与记忆、决策紧密联系的情绪。

在青岛，林立的啤酒桶是青岛人日常生活常见的景象，大街小巷的啤酒馆是青岛充满人间烟火气息的体现。王音在《青岛符号》写道，"穿行于大街小巷，散落于马路街头到处都是亲切的啤酒桶，随时遭遇拎着大袋小袋啤酒的男女老少，简朴的啤酒馆里外都是宾至如归的酒友散人，这悠然自得、乐而陶陶的生活情趣，已被有心的外地人称作岛城独具一格的市井风俗美景，也被外国人赞为悠哉的'东方布拉格'。"

如今，在青岛西海岸金沙滩啤酒城内，两万平方米的青啤时光海岸精酿花园悄然落成。其以精酿为主体，倡导精酿生活方式，打造了一种沉浸式"啤酒+消费"生活体验，建造了1903时光精酿工坊、青岛啤酒时光海岸度假酒店、威士忌俱乐部、汤谷啤酒SPA、1903面包坊、婚恋基地等六大时尚业态场景。

时光海岸不仅建构了一座充满青春气息和梦想色彩的乌托邦，还以一种无形的力量建构着人们的自我认知——它不再仅是一个消费场所，更是一种生活社交方式。把啤酒厂搬到餐桌旁，时光海岸融合产、饮、餐、演等多元化沉浸式互动体验于一体，让消费者能够达到最佳体验的沉浸状态。

从一楼到二楼、三楼、露台，再到花园的各个角落，顾客从进门那一刻起，就开始了沉浸式消费体验，在视觉、听觉、嗅觉、触觉、味觉感官的调动中享受这种体验产生的愉悦感。

专为啤酒而生的文化融合菜、根据每一款精酿啤酒的口味特点、精准搭配不同口味的菜品，在对味蕾的精准拿捏里，开酒仪式把仪式感、氛围感拉满，为顾客带来全新体验。

沉浸是指让人专注在当前的目标情境下感到愉悦和满足，而忘记了真实世界的情境。沉浸式体验是使用"沉浸式"设计调动人感官知觉以及营造整体氛围。

沉浸式体验近几年也越来越受到商业空间运营商的重视，形成利用人丰富的感官体验和思维因素，营造一种沉浸性的氛围，聚合受众的注意力，强化情感与体验，最终引导消费行为的一种商业新模态。

抽丝剥茧，追溯根源，消费体验的转变在于消费主体的变化，年轻客群对消费的需求从"购物欲"逐渐转变为"生活方式体验型消费"。也因此，沉浸式体验这一新形态的诞生，既丰富了文化产业形态，升级了观赏与互动性，又直接或间接地影响着其他产业业态。

沉浸式消费体验的购物方式作为一种通过营造主题、空间形态变化，给消费者带来新颖独特的空间体验式购物体验，成为未来消费体验营造的新思路。具备互动感、叙事感和社交氛围的体验式空间重塑，使消费体验开始追求从生活与情境出发，向美、向新延续。

设计商业模式的首要目的，就是引起消费者对产品的注意，开展调动消费者感官的体验式场景销售，其目的是创造一个娱乐化、个性化、代入感强的体验过程，从而有效调动消费者的购买欲望。

总的来看，沉浸式体验有以下三种类型。

（1）IP场景化沉浸式体验。通过新奇的设计与本地特色的生活体验感吸引消费者，利用视觉、听觉、触觉、场景体验感，以及呈现出的趣味性，延长消费者的空间停留时间，从而提升消费转化率；最后在多维度感官体验与IP形象的场景交织中深化消费者的记忆，进而提高消费者与项目间的强链接。场景化构建满足了娱乐、游览、探索等更多的消费体验需求，项目的商业价值也在空间的场景化中得以转化与落地。

（2）功能性沉浸式体验。体验需求的到来，推动了商业与其他属性空间产生叠加，而叠加就意味着打破，即打破不同功能空间的界限。商业不断探索多空间叠加的赋能，来实现体验的多元化；而消费者则在商业空间中，不断探索叠加所带来的"惊喜"。如广受好评的书店——茑屋书店，从设计出发，从一个全新的角度去诠释"书店"，通过音乐、艺术、电影、美食等向当下年轻人传递新的生活美学，打破了传统书店的模式，以"书+X"为核心，引进全方位的配套设施，融入餐饮、文化、展览等线下体验，让书店不只是书店，还能满足更多人的物质、精神需求。

（3）互动性沉浸式体验。互动性是沉浸式体验的核心，而这种互动性，不仅表现在消费者与场景的互动，更表现在消费者通过场景产生的与社交网络的互动。

不管是增加互动还是感官震撼，商家都在做一件事：形成专属的"超级符号"，起到吸客、留客和自传播的效果。商业模式的设计始终要做到围绕消费者需求而展开，新的消费体验需求，正驱动着商业模式的转变。

医疗保健：元宇宙带来在线深入交流与指导

元宇宙为人们带来了对虚拟世界的无尽想象，那些绚烂又刺激的娱乐体验当然引人注目，但是在一些传统行业中，对元宇宙的需求远比娱乐来得更为真实且迫切。医疗保健就是有望借助元宇宙，实现"改头换面"的传统行业之一。

2022年3月30日，首届全球元宇宙大会上海组织委员会工作会议在线上召开，讨论了包括元宇宙标准、元宇宙数字医疗等话题。中国移动通信联合会首席数字官杜正平表示："伴随着元宇宙的发展与成熟，将形成未来数字社会建设的第一个人类命运共同体级别的数字世界愿景。"

在医疗保健领域，中国首个"元宇宙医学联盟"（IAMM）在上海成立。元宇宙的沉浸式体验正在受到外科等医学领域的极大关注，相关的应用也正在开发中。

1. 元宇宙加快医疗产业变革

以信息技术、人工智能为代表的新兴科技快速发展，大大拓展了时间、空间和人们认知范围，人类正在进入一个"人机物"三元融合的万物智能互联时代。而元宇宙与医疗场景的结合，既加速新一轮智慧医疗科技的飞跃发展，也进一步加快医疗技术与医疗产业的变革。

医疗元宇宙是元宇宙在医疗行业的应用。医疗元宇宙将发展传感器、可穿戴设备、手术机器人等新型医疗设备，以居民健康数据为基础，运用物联网、人工智能、大数据、云计算、移动互联网、仿真与渲染技术，构建数字化、智能化、精准化的医疗信息平台，打破原有医疗系统的时空限制和技术壁垒，实现医疗设备、个人健康数据、医疗机构之间的信息交流互动，使医疗技术手段、医生专业知识、医疗服务模式相互融合，以此降低医疗活动成本，提升医疗行业诊断效率及服务质量，创造更高的社会经济效益。

虽然元宇宙的发展尚处于萌芽阶段，随着相关技术如5G、云计算、XR及生态体系的培育，其有望在未来进入成熟阶段，并且随着元宇宙元素的出现及应用，医疗体系或将重构生态体系——围绕患者体验，建立起现实与虚拟之间的联系，最终实现健康元宇宙中全民健康的愿景。

以临床手术为例，在传统手术中，手术的精准性和安全性往往要耗费医院巨大的人力、物力与精力，并且治疗效果极大地受到当地医疗资源和能力的限制。但如果加入元宇宙技术呢？或许传统临床手术中的一些问题就会得到极大的改善，即便是偏远地区的医院，通过"5G+VR 技术"实现零延迟远程手术指导，也能打破地域的界限，突破医疗资源的地区限制。

元宇宙带来的新体验和新技术有望为医疗健康行业在预防、诊断、治疗、康复等各个业务环节中的痛点带来希望，为医疗创新带来机会。

（1）预防。长期以来，疾病预防环节存在两大痛点：一是"较低认知"。普通人群缺乏健康知识，疾病早期症状容易被忽视；二是"难以坚持"。许多人觉得健身锻炼枯燥乏味，难以长期坚持的，但借助元宇宙，就能很好地解决这些问题：

首先，元宇宙构建了健康教育场景。在元宇宙中，医生可以指导人们如何健康饮食，如何锻炼身体等，带来互动和沉浸式体验，提升学习效果。

其次，元宇宙能带来更易于接受的健康管理场景。在元宇宙的加持下，医生可以化身虚拟私人保健医生，对客户体检报告进行专业解读，以数字孪生技术虚拟人体模型，对体检结果出现的健康问题进行分析，推演健康/疾病发展模型，并提出个性化建议。

最后，元宇宙优化了健康锻炼场景。元宇宙创造的沉浸式、互动式的体育锻炼体验，打破了真实环境对运动的限制，让锻炼更有乐趣，人们可使用 VR、AR 技术在社交平台上锻炼。

（2）诊断。由于实体医疗资源在物理空间受到限制，检验、检查业务只能在线下有限的医疗场所内实现；医生团队受时空限制的"协作受阻"，使高水平医疗资源在空间的转移上受限。元宇宙技术可以应用到检查辅助、疾病筛查、远程会诊等场景，提高检验检查的可及性与精确诊断的协作性。

（3）治疗。在治疗阶段，患者及其家属往往因为难以理解医学术语，与医生沟通治疗方案时缺乏安全感，而医生由于在准备治疗方案和治疗过程中希望借助更好的工具完成对患者的治疗。元宇宙可以在不同的治疗场景中，为患者和医生提供更多的支持。

在医患沟通场景中，元宇宙借助混合现实与3D全息技术辅助医患沟通，医生可以在元宇宙中用丰富的肢体语言辅以三维道具和图文知识，帮助患者了解病情与治疗方案。

在手术方案准备场景中，在参加外科治疗会诊讨论时，医生团队可以利用VR、AR技术进行术式模拟、操作方案讨论和情景预演，有了这些工具的加持，手术方案不再停留于抽象的概念，可以进行具体的实操演示。

在术中支持场景中，利用混合现实技术，医生可以在术中将医学影像与实体解剖实时重合，提高手术定位精度、安全性与效率。

（4）康复。治疗后康复阶段的效果至关重要。多数患者及其家属面对比治疗时间更长、缺乏系统性的康复规划时，往往难以坚持康复训练；再加上，康复练习内容及形式的单一、康复收效的缓慢，都容易让患者对康复训练产生抗拒心理或者惰性。在未来的医疗健康元宇宙中，互动性更强的康复方案和锻炼形式可以帮助患者更好地康复。

在康复培训场景中，利用 VR、AR 技术，医生和康复师可以与患者一起设计长期康复方案，指导患者如何使用康复工具，使者达到安全出院标准，并无缝接续院外的康复治疗过程。

在康复锻炼场景。利用 VR、AR 技术和可穿戴设备，患者在家中就能进行长期的康复训练，比如认知、行为、视觉训练等。通过游戏化部分场景，提升患者依从性。根据康复计划，医生可远程随访患者恢复情况，调整康复运动计划。

2.元宇宙打造智能健身场景

元宇宙引入无线通信技术、AI、芯片等，能够打造一个居家健身平台入口。元宇宙健身房支持用户随时随地利用碎片化时间健身，通过体感设备和检测指标与教练在线互动，用虚拟身份加入虚拟社群，与健身爱好者们交流。

科技感十足的健身场景已经出现，以智能健身镜为例，智能健身镜采用人体关节点视觉识别算法，用户跟着画面运动锻炼时，摄像头会抓取健身动作，通过 AI 算法识别动作是否标准，并即时反馈给用户。

智能健身镜配备的智能运动追踪系统，能够在毫秒级的反馈时延内实现动作捕捉和实时纠错，通过数据分析联通 AI 系统与健身内容库，呈现千人千面的智能健身体验；在人机交互方面，镜面上应用了体感运动游戏、触摸控制、语音控制、手势操作、人脸识别等多样化交互方式，为用户带来更加丰富的健身交互模式；智能健身镜还可连接其他智能可穿戴设备或运动设备，详尽记录身体运动变化情况并同步数据至智能健身镜设备端，实时跟踪健身情况，进行运动数据分析，解锁沉浸式交互运动场景。通过智能健身镜配备的摄像头和麦克风，既能看到运动直播课程和自己的热量消耗、心率、运动节奏等数据，让在线教练可以通过体感设备和检测指标实时指导，定制健身目标；还能打造虚拟身份，结合健身游戏实现"打怪升级"、与平台用户互动等体验！

对于家庭健身来说，加入元宇宙的构想就要形成一个集合多种服务与功能的三维虚拟世界，要给出"硬件＋服务＋互动"三者相融的生态模拟，而元宇宙本身就可满足以上要素，一切显得水到渠成。

从短期来说，元宇宙最大的好处是将健身品牌与新的受众建立联系，将线上与线下更生动地融合。

元宇宙的到来，带来了健身行业发展的新机遇，娱乐化家庭健身的入场，成了拓宽家庭健身人群和丰富健身场景的关键。立足当下，娱乐化的元宇宙健身很难成为家庭健身的转型产品，而更像是对当下日趋专业化的家庭健身的补充。

从产品应用来说，元宇宙包括沉浸式体验、低延迟和拟整改虚拟化分身开放式创造强社交属性、稳定化系统等特征，这也与国家推动体育产业高质量发展，优化产业结构，推进体育产业数字化转型，鼓励体育企业数字赋能，推动数据赋能全产业链协同转型的全民健身思路不谋而合。与此同时，智能健身镜、VR健身等作为一个全新品类的产品，为用户提供更多场景选择，科技赋能，随时居家健身。

在全民健身中，不仅要有元宇宙健身入口，还要有健身课程、健身教练和人工智能交互等，只有创新的交互模式，搭配品类丰富、定期更新的专业课程库，以家庭用户为单位，提供高质量的软硬一体的健身服务，才能解决用户在快节奏生活中对健身的丰富性、高效性和趣味性的需求。

元宇宙健身的模式可分为两种。

（1）元宇宙VR健身模式。元宇宙引领了新的运动风潮。其利用新兴技术创造了一个虚实交互的虚拟环境，用户戴上VR设备头显就能进入健身状态，可无缝切换多种数字体育场景，体验乒乓球、滑雪、马拉松等项目。

元宇宙VR健身可以带给用户沉浸式体验，用户可随意切换体验场景，随时随地跟着教学一起训练，运动过程中还可进行智能控制、实时数据反馈等。运动完成后，用户可随时上传数据到在线VR教学平台，专业的健身教练就报告提供专业指导。

（2）"元宇宙健身＋游戏"模式。元宇宙健身可结合游戏娱乐的形式进行，比如当用户佩戴好设备通过虚拟化身进入元宇宙锻炼场景时，就会发现这相当于是一个"跑酷"的世界，用户只需像"跑酷"那样奔跑，遇到障碍时跳过，就能实现各种沉浸式运动，如划船等，甚至能和物品互动，而且在"跑酷"过程中获得的金币可购买健身平台里的健身配件，实现成本合理转化。玩家通过运动在游戏中打败怪兽，一边健身一边在游戏中完成冒险，可实现多种健身项目。

教育：全新的交互方式将使学习体验变得更加有趣

元宇宙应用最大的潜在应用领域其实是教育。

在线教育正成为现代教育体系的重要组成部分，但现阶段，在线教育还存在着一些问题，比如：平面网页呈现课堂的形式单一、空间的阻隔感使学生的参与度不高、虚拟空间缺乏培养技能和进行实验的环境等。

教育与元宇宙的结合将为线下教育与线上教育带来一次革新。

元宇宙和教育之间具有天然的联系。人们越来越认识到学习的重要性，进入"生活就是学习，学习就是生活"的阶段，学习变成了终身的事。元宇宙为学习提供了广阔的空间和坚实的技术基础。

教育是一家、一国，乃至一代人的事业，而元宇宙概念下，这项事业将迎来蓬勃发展。元宇宙的发展对于智慧教育意义重大。

通过元宇宙模拟并超越现实教育的场景，突破时空中的各种限制，让师生随时随地互动，然后连接沉浸式的交流与学习并迸发这个创意，就能提高学习与研究的效率。

教育元宇宙可以理解为云端智慧教育的统合，教师和学生以数字身份参与课堂，在虚拟教学场所中进行互动。元宇宙课堂上，VR 设备的引入能够重塑教学内容的展现形式，让学生"沉浸"在知识中。此外，虚拟空间的可塑性也催生了如虚拟实验室、虚拟集会等场景，将元宇宙从课堂延伸至课后活动。

元宇宙可以利用 5G、AI、物联网和大数据等一系列技术，应用到教育中去，为教育提供身临其境的感官刺激，而且交互方式灵活多样，学习者可以在虚拟世界里获得动手创造的学习体验，也可以实现基于合作的社会学习。

这种沉浸式学习环境需要支持多种交互方式，除了键盘和鼠标的交互方式，还可以使用手势语言、肢体语言等多种交互方式。既可以实现多人合作，又可以实现个别化的学习体验，支持更加灵活的学术环境。

在元宇宙的空间里可以获得和以前的学习方式完全不同的学习感觉，使用耳机或者眼镜，你就可以提取学习用的原理图，这些就可以作为我们的学习手册。

元宇宙视觉沉浸技术下可以实现以下三种教学场景。

1.虚拟现实教学场景

虚拟现实的教学指的是利用虚拟现实技术，学习者可以来自不同的国家、不同的城市，只要在一个约定的时间共同进入一个虚拟学习环境里，老师和学生之间就可以进行更深层次的互动。

比如，语言学习中，可以利用视觉沉浸技术构造一个对话的环境；想学习罗马历史，就可以在元宇宙中罗马时代场景下感受 2000 多年前的生活节奏。

在这样的虚拟教学空间里,老师可以施展一对一、一对多或者多对多的教学组织方式,可以灵活地实施教学,也可以组织学生自己进行探究式学习,学习者通过自己的化身在虚拟场景里跟老师和同学进行互动。

2. 虚实融合同步教学场景

所谓虚实融合,虚是虚拟情境,实是老师的实景。可以用摄像机把老师教学的现场拍下来,通过抠像技术把老师上课的场景放到虚拟情境里。遇到一些复杂的内容时,比如,老师讲解一个机械的各个部件,可以通过虚拟现实技术展示如何拆解元器件,把每一个部件的功能和特色讲得更清楚,让学生的学习效果更好。

3. 虚拟实验教学场景

虚拟实验可以多次重复,不受实验室的地点、器材、安全等限制,可以多次重复、多次体验,尤其是可以打破思想的禁锢。

从中学开始接触化学实验、物理实验的时候,由于空间等条件的制约,很多时候无法让每一名学生都能进行实验操作,学生的学习多止于理论层面,学生的创新精神就没有办法得到发挥,而在虚拟实验的场景里,学生可以自由去重复试验、尝试不同的实验方法,自由探索,自然也就有了培养创新精神的机会。

在元宇宙的虚拟仿真学习环境中,学习者可以重复地练习,直到熟练为止。

从学习者角度来说,构建形象直观、可视化、可交互的虚拟场景在客观上弥补了人的生物局限性，延展了物理可能性。在元宇宙的未来，教育更具沉浸感和社交性，元宇宙将使教育体验变得更加生动、有趣。这将对学习方式产生颠覆式的影响，为未来教育开拓了新的教学领域。

电影：在元宇宙构建的虚拟世界里，每一个观众都能成为主角

相较于传统影视业务，影视公司正在寻求新的增长点，其中电影、电视行业的代表公司——华谊兄弟、华策影视，均将视野瞄向了大热的元宇宙。

2022年5月，老牌电影公司华谊兄弟与数字化集成服务商华胜天成联合宣布：将基于华谊兄弟的影视创意基因和华胜天成的云计算科技，共同打造国内影视虚拟世界（云内容）开发运营的第一品牌。这一信息宣告着，老牌电影公司华谊兄弟进军元宇宙的信号。

根据合作计划，双方将联合开发可应用于AR及VR设备终端的IP内容创造和数字衍生品输出，打造经典IP数字世界联动、经典IP二次创作、在数字世界中提供与现实世界对应的资产、功能，如地产、电商、社交娱乐等。基于公司的IP资产和内容实力，华谊有机会成为数字时代

最具领先优势的内容架构者,进一步改写公司的商业模式。

在影视剧方面,元宇宙也将带来巨大想象空间:可以发挥技术优势,建模、特效等3D技术构建能力,可改变影视剧中"尴尬抠图""背景板"等问题,导演可以用软件系统直接为光影构图,可以不打折扣地实现创作意图。

比如,动作电影《双子杀手》借助电脑三维动画(CGI)技术复刻了一个演员威尔·史密斯出来,逼真到观众直呼"完全看不出是用了特效"。在4K、3D、120帧画面的呈现之下,电影画面清晰,角色动作流畅,已逼近人类肉眼所看到的视觉感官体验极限。

元宇宙对影视产业的影响大体可分为两个部分:一方面在于生产内部,加大对于想象力的影片投入,其中包含玄幻、魔幻和科幻类的作品;另一方面,加大影游融合类的影视生产内容,因为这些电影本身便是元宇宙的一部分。随着元宇宙与影视行业的深入结合,未来观看电影的形式也可能发生变化,你可能要穿戴一些设备去影院体验纯粹虚幻的互动的元宇宙世界。

影视艺术从业者可以从以下七个方面接入元宇宙。

1. 数字藏品

每一个数字藏品都代表特定作品、艺术品和商品或其限量发售的单个数字复制品,记录着其不可篡改的区块链上的权利。数字藏品具有收藏、转赠、鉴赏、学习和价值增值的特征,数字藏品中的数字版权还可以进行多次交易。

2. 虚拟偶像

虚拟偶像也是影视行业接入元宇宙的一个方向。虚拟偶像不存在演员演技、品行、性格等不可控因素,也不会毁约,并且虚拟偶像转型成本低,不受时间和精力限制,一个虚拟偶像可以同时接拍几部戏或者同时代言几个项目。不仅如此,因为虚拟偶像生命无限长,只要人设、世界观和故事足够精彩,虚拟偶像可以成为一个长久的IP,长盛不衰。

3. 互动影游

"内容为王"在今天成了影视行业一致的共识,"互动影游"的探索正是对剧情向和体验感的深度挖掘,其最大的机遇就是元宇宙概念的兴起。元宇宙就是利用区块链、虚拟空间、AR、VR等技术,构建一个与现实世界相关的虚拟世界,这一点与"互动影游"所展现出来的形式特征不谋而合。

4. 沉浸式剧本杀

天眼查数据显示,截至2021年9月,我国有超1万家企业名称或经营范围含"剧本杀、桌游"。但在门店数量井喷式增加的同时,故事设定受到打造实景成本高、剧本店空间有限等因素的影响。于是,剧本杀行业将目光聚焦于AR、VR技术。利用AR、VR技术打造沉浸式剧本杀,成为未发展趋势。很多在真实环境中无法搭建出的场景和效果,也可以通过元宇宙虚拟沉浸式剧本杀解决。

5. 虚拟主题乐园

线下实景主题乐园很容易受到接待人次、天气、造价成本和维护成本高、场景复用率低等各种因素的影响。通过电影 IP 结合 VR、AR、MR、XR、CAVE 沉浸式虚拟现实显示系统等技术，将火爆电影中的场景重新设计，为消费场景增加叙事逻辑和多元信息，为影视内容叠加衍生产品和社交场景，提供更好的沉浸体验和更丰富的互动体验，让用户产生情绪共振。

6. "同人"二次创作

随着科技的发展，各种智能的动漫影视创作的 App，使创作影视动漫作品的门槛变得更低。随着元宇宙的到来，在获得授权的情况下，用户完全可以在元宇宙中用技术将同一部作品或者不同作品中的角色场景进行二次创作。

比如，将《西游记》《红楼梦》《三国演义》中的角色和场景的动漫影视版权授权给虚拟现实编辑器中进行二度创作，一方面影视动漫公司就能多出一个变现的渠道；另一方面这些智能编辑器也可以让普通用户都成为创作者，创作出更多优秀的作品，实现影视、动漫、科技的跨界融合。

7. 数字院线

网络、AR、VR 等技术打造的数字院线，其带来的观影体验在沉浸感上势必会区别于传统的院线。这既减少了不必要的人群聚集，提供了更宽更广的观影渠道，还可以令用户足不出户就享受到超过影院的观影体验。

艺术：元宇宙让艺术作品的制作和欣赏方式更加新颖

元宇宙能够扩大艺术产业的边界，让更多人有机会欣赏艺术，即使完全不了解艺术的人也可以近距离地接触艺术。

2022年6月26日下午，"大有来头——画廊周北京GWBJ元宇宙空间暨大有产品发布会"在北京798召开。国内首个元宇宙当代艺术数字空间——"画廊周北京元宇宙空间"正式上线，并全球同步直播。

"大有"成立于2021年，是国内率先主张"用艺术打造元宇宙数字空间"并且实现数字空间场景产品化的公司。作为艺术数字化的创新者，元宇宙模式与实体经济结合的探索者、领跑者，致力于下一代互联网数字空间的内容表现力设计、沉浸感参与和新用户营销的全流程服务打造。核心团队来自阿里巴巴、华为、网易、小米、游卡等知名互联网巨头和游戏制作公司，其研发人员占比超过六成。

大有专注打造元宇宙空间场景，打通线上和线下，联结人与物，不仅可以实现艺术机构的"云观展"、商业地产的"云逛街"、风景名胜的"云旅行"，更可以和品牌、IP、艺术家进行深度结合，定制专属元宇宙数字空间。目前,已经为数十位合作艺术家和品牌打造了专属的元宇宙艺术空间。

艺术家借助科学技术,可以从艺术的角度对元宇宙的视觉语言、想象力、互动体验、数字孪生、社会生态等多维度进行思考和创作表达,用艺术验证元宇宙的想象及创造是最理想的方式。

在元宇宙世界里,人和艺术将融为一体。

线上线下同时关联展出的方式,让我们感受到在线与在场的差异性和元宇宙艺术空间带来的延展性。

观众从现实展览空间欣赏艺术品,再借助 VR 眼镜进入实时性、永续性、交互性、加密性的元宇宙艺术空间,使传统展览观看的方式获得前所未有的延伸。

元宇宙使艺术打破了现实中时间、空间等诸多物理限制,并超越传统的平面化的观看方式,真正使观众沉浸在元宇宙的艺术世界中。

目前,元宇宙在艺术体验方面的应用主要表现在以下三个方面。

1. 数字化的体验

在数字化的体验过程中,交互设计扮演了非常重要的角色。从虚拟现实到增强现实,"虚拟"和"现实"之间不断交融,人机间的交互始终影响着使用者的体验感受。

2. 数字化的产品

NFT 是一种基于区块链技术的去中心化数字资产。在"艺术藏品"方面,NFT 藏品可溯源、唯一、不可篡改和伪造,还具备一定的收藏价值,具备了和现实中的艺术藏品十分类似的特性。目前,在普通消费者中备受追捧的还有虚拟服装，其能突破各种客观限制，快速产出定制化产品，满足消费者的需要。

3.数字化的多人自由创作

深层次上，元宇宙突破了物理界限，给创作者更多的自由。创作是艺术和技术的结合，意味着更多的创作空间，这给了我们在艺术创作方面的无限遐想。

在元宇宙时代，创新性的艺术主要强调作品的开放性和参与性，注重增强观众的沉浸式体验，将观众置于作品创作的核心位置，让观众能与作者共同创建作品。借助新的科技手段，艺术家能寻找更多样的艺术表现形式，加强艺术创作的体验性，增强观众的参与感。

汽车：积极拥抱元宇宙概念，加快数字化转型进程

作为现实世界数字化后的另一种形态，元宇宙正融入社交、娱乐、办公、经济等多场景，汽车领域也不例外。

2021年，元宇宙概念的火爆引发了汽车厂商注册元宇宙商标的热潮，无论是头部车企，还是造车新势力，都相继提交了商标注册申请。

2022年，比亚迪、上汽、奔驰、奥迪、吉利、蔚来、小鹏、理想等

厂商已经开始实质行动，元宇宙与汽车企业的融合主要体现在工业制造、营销等环节，比如生产线优化、虚拟发布会、数字人、商品展示等。

2023年1月，在全球规模最大的国际消费电子展上，宝马、比亚迪、奥迪等多家车企和科技巨头都展示了最新的元宇宙技术。宝马凭借"电子墨水"的车身变色技术，吸引了观众的眼球。此外，宝马还取消了实体屏幕，所有功能显示都用全景HUD投影的方式实现，车内只有方向盘，众多按键被隐藏在内饰面板下方。

为了应对智能化竞争，汽车领域的相关企业都在积极拥抱元宇宙概念，加快数字化转型进程。

1. 跨界联动成汽车元宇宙主旋律

作为元宇宙重要基础的AR技术，也是汽车元宇宙的重要元素。

2022年9月，智能电动汽车公司蔚来发布了业界首款原生车载AR眼镜——NIO Air AR Glasses。该眼镜由蔚来与Nreal携手开发，可投射出视距4米、等效130英寸的超大屏幕。

2022年12月22日，广汽集团跨界联合宸境科技、爱奇艺共同开发智能座舱"ADiGO PARK"，基于超显算力平台与头显外设，双眼显示分辨率达5K级别；广汽集团与宸境科技联合开发的行车体感技术，可以通过座舱真实的触感，让用户多维度获得沉浸式体验。

除纯娱乐体验外，带有科幻感的驾驶体验也令人耳目一新。松下曾展出一款具有眼球追踪专利的AR-HUD 2.0系统，通过AR技术，这套系统可以将图标更精确地聚焦到驾驶员眼前的现实世界，提高驾驶员视野中图像的真实程度和临场感,不仅为驾驶员带来更具科技感的驾驶体验,也能有效减轻驾驶过程中的视觉疲劳感。

2. 技术与商业化的珠联璧合

元宇宙与汽车的结合,不仅是潜在的科技价值,还能以科技驱动为汽车品牌带来全新的商业机遇。

从消费端来看,当下消费者的购车行为以及购车方式发生了很大的变化,从以前的"人找店"慢慢向"店找人"的方式转变,各车企都试图拉近与消费者之间的空间距离。营销与元宇宙的结合恰好能够解决车企的这一痛点,比如,线上新车发布会、数字化展厅、专属虚拟人客服、虚拟试乘试驾等都能帮助车企吸引消费者眼球,打破时空限制,争夺更多的潜在客户资源,提升销量。建立数字化展厅与4S店,每个消费者都能直观地了解产品生产工艺,感受汽车品质,甚至参与到产品的个性化定制过程中,为消费者和车企带来全新、更有黏性的互动体验。

在售后服务阶段,目前国内新车销量集中于首购车主人群上,车主对车辆的使用和维护经验不足,在线客服、电话客服在实车演示讲解方面又存在局限性,无法直观解决用户难题,有时甚至需要车主走进店内进行售后服务,对于车主而言有着很高的售后成本。而售后服务与元宇宙的结合,可以通过虚拟客服对车辆进行实车演示,提升售后服务效率,让消费者及时了解售后服务进展,增加消费者对企业的信赖感。

总之,元宇宙为汽车制造提供数字化支撑,也带来显示领域的全新增量需求。随着汽车行业的蓬勃发展,汽车生产制造逐步向平台化、模块化和智能化迈进。汽车生产制造各主要环节有望通过元宇宙赋能，简化流程并把控各主要环节，提升效率。不过，目前元宇宙概念依然处于萌芽期，需要大量的算力、确权、XR 等技术方面的优化革新。不过，数字能力领先的车企必然会通过科技手段来引领市场，建立汽车元宇宙的商业版图。

办公：以数字人化身的视角在元宇宙办公空间中自由活动

元宇宙能真正实现展现企业全方位、全员性的高效沟通，促进企业的有效运营。

试想一下：员工在家就可以拥有和办公室一样的办公环境，以全息图像的方式进入虚拟空间，与其他同事互动，通过音频与他人建立有空间感的关系。甚至，还可以轻松扩展虚拟工作空间。

元宇宙虚拟办公强调"无感"，用户可以数字人化身的视角在元宇宙办公空间中自由活动，进行对话和互动，最大化地实现面对面的沟通效果，弥补当前远程会议在临场感、沉浸感等方面的短板。

2023 年 1 月 14 日，创富港集结全国 1000 多名员工，在线上开展了一场"元宇宙"年会。在创富港元宇宙平台，员工可以通过场景内的传送门功能,穿梭于各个场景中。此次尝试也引发了业内的关注。

在"创富港元宇宙平台"上,每个人通过元宇宙虚拟形象在虚拟空间里进行互动。在这里,人们可以拥有自己的虚拟人物形象、虚拟办公桌等,会员可在元宇宙平台预约演讲厅、会议室,开虚拟会议。同时,平台还设置有街区、演讲厅、会议室、办公室等场景,通过场景内"传送门"功能就能一键传送到各场景中。

现实世界的工作,需要有固定的物理空间,员工在一起工作、协作。但随着远程办公、在线办公的快速发展,企业员工不再需要聚集在一起,对固定物理空间的依赖性也逐渐减弱。在这种背景下,企业反而需要一个新的元宇宙工作空间,让分散在各地的员工能够有一种聚集在同一个空间的真实感,随时进行工作沟通。基于主营业务"共享办公""虚拟办公"进行的元宇宙探索,可以为用户提供更高效便捷、体验感更强的服务。

元宇宙办公场景可以根据企业的发展变化而变化,为公司的办公环境提供了更多的可能性。元宇宙线上办公的办公室不必是单调无趣的办公大楼,可以是任何场景,能够根据企业的想法去设计,让员工更有办公氛围,从一个逼真的场景体验去投入工作。此外,办公园区附近还可以增添其他场景,将现实中的日常活动区域搬到元宇宙空间中,例如大型超市、影院、健身房等。员工在元宇宙中的虚拟角色不需要一直待在工位,可以选择一个免受干扰的地方专注手头上的工作,而当准备与同事分享你的工作进程时,便可以像在真实会议室里那样向团队进行展示,方便快捷。

线上虚拟会议带来的好处有目共睹，比如，省去了通勤的时间，减少了时间的浪费；相比传统的办公模式，元宇宙线上办公更加高效灵活，让员工感受全新的工作体验。

随着线上办公人数的不断增加，国内的互联网大厂也纷纷布局元宇宙这一领域，但业界普遍认为，现阶段元宇宙办公还不能完全替代实体办公，除了技术上的局限，长时间的虚拟办公对员工的心理健康状况、人与人之间的联系和社群的建立的影响都是未知的，很难衡量。同时，技术的发展与在线办公的能力再强，也无法抹去人与人线下沟通的意愿。可能在不久的将来，取代实体办公室的将是这样一个世界：人们有权选择他们想工作的地方——办公室、元宇宙或虚实结合的全新办公室。

参考文献

[1] 赵国栋，易欢欢，徐远重. 元宇宙 [M]. 北京：中译出版社，2021.

[2] 叶毓睿，李安民，李晖，等. 元宇宙十大技术 [M]. 北京：中译出版社，2022.

[3] 朱嘉明. 元宇宙与数字经济 [M]. 北京：中译出版社，2022.

[4] 程絮森. 读懂元宇宙 [M]. 北京：中国人民大学出版社，2022.

[5] 长铗，刘秋杉. 元宇宙 [M]. 北京：中信出版社，2022.

[6] 徐钢，唐玲，岳茜. 元宇宙技术与产业 [M]. 北京：清华大学出版社，2022.

[7] 成生辉. 元宇宙 [M]. 北京：机械工业出版社，2022.

后 记

从长远来讲,元宇宙可以看作互联网时代各行业的一次重要的科技汇聚与升级。作为未来数字经济的重要组成部分,围绕元宇宙发展的各产业都具有相当大的发展前景与成长潜力。

元宇宙的概念自提出以来,在信息科学、量子科学、数学科学等的全新技术推动下,不断叠加信息革命、互联网革命、人工智能革命、虚拟现实技术革命成果,为数字化转型提供了新路径,抢抓元宇宙产业发展机遇、布局关键核心技术与重大应用场景,是占据未来竞争制高点的一个重要方向。

不过,元宇宙产业可能还需要5~10年的发展才能相对成熟,还有很长的路要走。但我们不能忽视了新兴技术、新兴产业的巨大潜力,要系统性地布局和投资相关产业,获得在信息技术等领域的长足发展,特别是元宇宙产业的基础领域,如工具、芯片等。

首先,要建立元宇宙的基本技术体系与产业框架。从基础工具、系统平台、芯片等关键部件,到算法、算力等培育和建立自己的体系。除在大量底层技术、部件、终端等布局外,还需要对大量内容创作者、开发者、各类型的 B 端公司等从基础进行培育，从根上进行谋划，从源头确保产业链、供应链和技术的安全。

其次，要用市场打破底层资源瓶颈。元宇宙的发展需要更大规模的人才和用户资源支撑，先发企业的竞争态势决定了未来产业生态，企业要依托强大的市场培育自己的产业链条和企业主体。

最后，要建立元宇宙数字规则。各行业需要组建行业联盟，建立起新的技术标准和规则，储备包括建立数字经济体系的、支撑元宇宙的劳动与规则体系，以及一套行之有效的治理政策等。

元宇宙还是个发展的概念，受限于认识的局限性，笔者对元宇宙的认识可能存在不当之处，欢迎对元宇宙有兴趣的人士同笔者一起进行更深入的讨论和研究。

姚海涛

2023 年 12 月